Zellstrukturdesign
Niels Pfläging I Silke Hermann

Niels Pfläging | Silke Hermann

Zellstruktur-
design

Eine neue Sozialtechnologie, die unternehmerischer Wertschöpfung Flügel verleiht

Verlag Franz Vahlen München

Weitere Bücher von Silke Hermann & Niels Pfläging (Auswahl):

Silke Hermann I Niels Pfläging: OpenSpace Beta. Vahlen, 2020
Niels Pfläging I Silke Hermann: Komplexithoden. Redline, 2015
Niels Pfläging: Organisation für Komplexität. Redline, 2014
Niels Pfläging: Führen mit flexiblen Zielen. Campus, 2. Auflage 2011
Niels Pfläging: Die 12 neuen Gesetze der Führung. Campus, 2009

ISBN Print 978-3-8006-6241-8
ISBN E-Book 978-3-8006-6242-5

© 2020 Verlag Franz Vahlen GmbH, Wilhelmstraße 9, 80801 München
Druck: Himmer GmbH Druckerei & Verlag, Steinerne Furt 95, 86167 Augsburg
Konzept & Text: Niels Pfläging, Silke Hermann (Red42)
Satz, Buchgestaltung, Umschlaggestaltung: Niels Pfläging
Illustration: Pia Steinmann, pia-steinmann.de
Foto: Janik Happel
Manuskriptdurchsicht: Andreas Schlegel, Dennis Brunotte, Matt Moersch,
Moritz Guth

CO2
neutral
vahlen.de/nachhaltig

www.vahlen.de
Gedruckt auf säurefreiem, alterungsbeständigem Papier
(hergestellt aus chlorfrei gebleichtem Zellstoff)

Besuch die Websites der Autoren: zellstrukturdesign.de I redforty2.com I
silkehermann.com I nielspflaeging.com – sowie betacodex.org

Dies ist mehr als ein Buch.

Auf Wunsch sendet der Vahlen Verlag Leserinnen und Lesern dieses Buchs kostenlos das *Zellstrukturdesign Konzeptüberblick*-Poster im A1-Format zu. Auf Seite 132 findet sich die Adresse der Webseite, auf der das Gratisposter bestellt werden kann!

„Es ist wahrscheinlich, dass wir eines Tages beginnen werden, Organigramme als eine Reihe von miteinander verknüpften Gruppen zu zeichnen – statt als hierarchische Struktur einzelner Berichtsbeziehungen."

Douglas McGregor,
The Human Side of Enterprise, 1960

Inhalt

Vorwort von Friedrich Blaha

Als ich vor einigen Monaten den Entwurf zum vorliegenden Buch von Silke Hermann und Niels Pfläging in Händen hielt, war ich begeistert. Einerseits erkannte ich auf Anhieb viele Parallelen zwischen den Konzepten des *Zellstrukturdesigns* und unserer Organisation, wie wir sie seit 1997 verstehen, gestalten und betreiben. **Andererseits hielt ich endlich eine geradezu geniale Zusammenfassung und Gesamtdarstellung einer neuen Philosophie der Wertschöpfung in Händen.**

Ich verwende die verschiedenen Bücher von Silke und Niels bereits seit einigen Jahren als „Sparringpartner" beim Nachdenken und als Lösungsfinder für die Fragen des täglichen Führens und Organisierens. Wieder einmal ist es den beiden mit dem vorliegenden Band gelungen, die herkömmlichen Unternehmensansichten infrage zu stellen und neue Wege in die Organisationszukunft aufzuzeigen. Konkret, Schritt für Schritt, überzeugend dokumentiert, führen Silke und Niels LeserInnen hin zu einem *konsequenten Denken in Zellstrukturen.*

Ich schätze mich glücklich, als Unternehmer in der zweiten Generation ein Familienunternehmen leiten zu dürfen. Einen Industriebetrieb mit 125 MitarbeiterInnen, der Büromöbel designt, produziert, vertreibt und kundenindividuelle Officewelten konzipiert. Seit 1997 sind wir in der Produktion durchgängig in selbstorganisierenden Teams strukturiert, die über sogenannte *Nahtstellen* miteinander verbunden sind. Eine der Eigenheiten unseres Zellstrukturdesigns ist dabei, dass wir die Wertschöpfungskette vollständig im Unternehmen halten, um alle Kernprozesse in der Hand zu haben. So entsteht eine Organisation, die auf Spielregeln und Vereinbarungen basiert – und nicht auf ständigen Anordnungen und Steuerungseingriffen.

Friedrich Blaha leitet, gemeinsam mit seiner Schwester Gabriele Blaha, seit 40 Jahren das Unternehmen *Franz Blaha Sitz-u. Büromöbel Industrieges.m.b.H.* in Korneuburg bei Wien. Das Unternehmen geht nicht nur in Produktion und Angebotskonzept neue Wege im Markt der Büromöbel: In einem Showroom der anderen Art zeigt Blaha in seinem BüroldeeZentrum auf 3.500 m² Lösungen für inspirierendes Office- und Arbeitsplatzdesign.

Web: www.blaha.co.at; E-Mail: friedrich.blaha@blaha.co.at

Seit über 20 Jahren produzieren wir strikt „On Demand": also nur dann, wenn ein Kundenauftrag vorhanden ist. *Gefertigt wird, was verkauft ist*, so lautet einer unserer Leitsätze. Es gibt keine Lagerproduktion – der Kunde *zieht* die Fertigung! Wenn man alle Prozesse im Unternehmen hat, so wie es bei uns der Fall ist, dann ist man auch in der Lage, fixe Lieferzeiten zu garantieren. Und das tun wir seit über zwei Jahrzehnten! Bei unserem Unternehmen beträgt die fixe Lieferzeit 9 Werktage – statt zuvor 30 Tage. Bei 99,4% der Lieferungen sind wir pünktlich. In einem wettbewerbsintensiven Markt wie unserem ist das ein wichtiges Alleinstellungsmerkmal. Durch Zellstruktur wird eine derartige Alleinstellung erst möglich.

Dabei wird deutlich: Zellstrukturdesign ist eine wahrhafte „Gehirnwäsche" für UnternehmerInnen und ManagerInnen! Silke Hermann und Niels Pfläging haben durch das revolutionäre Umdenken in der Unternehmensorganisation und durch die Entwicklung von Zellstrukturdesign neue Wege aufgezeigt, um Unternehmen erfolgreich im Markt zu halten. Man wird in Zukunft die Organisationslehren vor Erscheinen der Sozialtechnologie Zellstrukturdesign und danach unterscheiden müssen! Wer sich auf einen Dialog mit den klugen Ideen in diesem Buch einlässt, hat die Chance, in der Umsetzung ein komplett neues, marktorientiertes Unternehmen zu erhalten. Für mich ist die Umsetzung der Zellstruktur-Philosophie der Garant dafür, mein Unternehmen in hoch-dynamischen und komplexen Märkten erfolgreich in die Zukunft zu führen.

Silke Hermann und Niels Pfläging ist ein visionäres Handbuch für ManagerInnen gelungen. Ich wünsche allen LeserInnen dieses Buchs hohe Konsequenz bei der Realisierung! Friedrich Blaha, im Februar 2020

Einführung

Unsere Veröffentlichungen zum Zellstrukturdesign reichen bis ins Jahr 2008 zurück. Damals publizierten wir unter der Herausgeberschaft des BetaCodex Network verschiedene Positionspapiere zu den Themen Zellstruktur und Organisationsphysik. Diese Papers trugen Titel wie *Turn Your Company Outside-In!* *(Stülpe deine Firma von außen nach innen!, 2008)* oder, wenige Jahre später, *The 3 Structures of an Organization (Die 3 Strukturen einer Organisation, 2011).* Zuvor hatte Niels in seinem preisgekrönten Buch *Führen mit flexiblen Zielen* (2006) wesentliche konzeptionelle Grundlagen zum Zellstrukturdesign gelegt.

Die Sozialtechnologie Zellstrukturdesign speist sich aus vielen Quellen: aus Betriebswirtschaftslehre & Ökonomie, Individual- & Sozialpsychologie, Systemtheorie & Soziologie sowie der Praxis der Beta-Pionierunternehmen – um nur einige zu nennen. Das Thema dieses Buchs ist wahrhaft interdisziplinär. Im Grunde könnte man Zellstrukturdesign als eine kohärente Organisationstheorie für unsere Zeit bezeichnen, die zugleich wertschöpfungsfokussiert, komplexitätsrobust und mit der Natur des Menschen im Einklang ist.

Bei aller wissenschaftlichen Fundierung ist dieses Handbuch jedoch als einladende, leicht zugängliche Heranführung an das Thema Zellstrukturdesign gedacht. Und ebenso als ästhetisches, schönes Lernwerkzeug zur Vertiefung dieses Schlüsselkonzepts zeitgemäßer, moderner Organisationspraxis.

Praktischer Begleiter, nicht Blaupause

Eines kann dieses Buch jedoch nicht leisten: Es erhebt nicht den Anspruch, ein fertiges Lösungsarrangement für deine Organisation zu liefern. Es will auch kein abschließendes Arbeitsbuch zum Zellstrukturdesign sein – das man einfach durcharbeitet, um hinterher mit Zellstruktur „fertig zu sein". Derlei einzulösen wäre nicht möglich.

Denn Zellstrukturdesign entsteht nicht durch individuelles Studium, sondern durch gemeinsame Arbeit und Vergemeinschaftung. **Bei unserer Arbeit mit Kundenunternehmen in den letzten 15 Jahren haben wir gelernt, dass jede Organisation, die ihre Zellstruktur „freilegen" will, der intensiven Vergemeinschaftung dieser Struktur bedarf.** Es ist die einladende Auseinandersetzung zwischen vielen, ja eigentlich allen Organisationsmitgliedern, die passgenaue Wertschöpfungsstruktur und wirksames Zellstrukturdesign hervorbringt! Diese Vergemeinschaftung ist durch nichts zu ersetzen. Erwarte hier also nicht vorgefertigte Lösungen – sondern jene praktische Theorie und jene Denkwerkzeuge, die für wirksames Design von Organisationen in Gegenwart und Zukunft eine Rolle spielen!

Auf den folgenden Seiten, im Eingangskapitel dieses Handbuchs, findest du die **Open Source-Lizenz zur Sozialtechnologie Zellstrukturdesign sowie Hinweise zur Nutzung der Lizenz.** In den vier Hauptabschnitten danach finden sich gleich eine ganze Reihe von Konzepten, die wir in diesem Buch zum allerersten Mal veröffentlichen. Insofern dürfen auch eingefleischte Leserinnen und Leser unseres Werks hier mit einigen Überraschungen rechnen. Zur Vertiefung legen wir geneigten Leserinnen und Lesern die zahllosen kostenlosen Online-Ressourcen ans Herz, die auf dem Portal des BetaCodex Network unter betacodex.org zu finden sind. Und nun zunächst einmal: Viel Vergnügen bei der Lektüre!

Silke Hermann, im Februar 2020

Vorab

Zellstrukturdesign: Eine Open-Source-Sozialtechnologie

(Und was das bedeutet.)

Zellstrukturdesign
Die Open-Source-Lizenz zur Sozialtechnologie

„Zellstrukturdesign" und der BetaCodex® sind frei nutzbare Open-Source-Sozialtechnologien: Es steht dir frei, mit Zellstrukturdesign zu arbeiten, daraus oder darauf aufbauend innovative neue Werke selbst zu kreieren, solche eigenen Innovationen mit anderen zu teilen und diese auch zu kommerzialisieren.

Denn:

Sozialtechnologien wollen frei sein.

Zellstrukturdesign, der Zellstrukturdesign-Konzeptüberblick (siehe folgende Doppelseite) sowie die dazugehörigen Prinzipien, „Praktischen Tipps", Konzepte/Elemente, Veranstaltungen, Lernformate, Dienstleistungstechniken und Dokumente, werden unter der Creative Commons Attribution Share-Alike-Lizenz veröffentlicht.

Diese Lizenz ist eine Open-Source-Lizenz:
Unter dieser Lizenz wirst du ermutigt, innovativ tätig zu sein, indem du auf der Grundlage von Zellstrukturdesign weitere, frei nutzbare Anwendungen entwickelst.

Über die Lizenz
Attribution Share-Alike – "CC-BY-SA"

Mit der Lizenz Attribution Share-Alike – "CC-BY-SA" kannst du Zellstrukturdesign nutzen, remixen, optimieren und weiterentwickeln – auch zu kommerziellen Zwecken.

Durch Nutzung, Remixen, Optimierung und Weiterentwicklung erklärst du dich damit einverstanden:

1. die Originalautoren Niels Pfläging und Silke Hermann anzuführen

2. sowie den angegebenen Verweis mit Link zum Quellmaterial anzugeben, wie unten aufgeführt,

3. sowie deine abgeleiteten Kreationen zu den gleichen Bedingungen an Dritte zu lizenzieren.

Insbesondere muss der folgende Satz mit dem enthaltenen Weblink auf allen abgeleiteten Werken und Derivaten bereitgestellt und deutlich sichtbar angebracht werden sowie in allen von dir entwickelten Visualisierungen enthalten sein:

„Diese Arbeit basiert auf Zellstrukturdesign – einer Open-Source-Sozialtechnologie von Niels Pfläging & Silke Hermann, die unter der CC-BY-SA-4.0-Lizenz veröffentlicht wurde und die hier gefunden werden kann: www.redforty2.com/cellstructuredesign"

Zellstrukturdesign-Kor

Eine Sozialtechnologie von Red42

Zellstrukturdesign hat drei Komponenten: die 12 Prinzipien des Beta-Kodex,
12 Prinzipien des Zellstrukturdesigns, 8 praktische Tipps.

Die Prinzipien des Beta-Kodex

The BetaCodex® – Version 2018: www.betacodex.org

Gesetz	Tu' dies! (Beta)	Nicht das! (Alpha)
01. Teamautonomie	Sinnkopplung	statt Abhängigkeit
02. Föderalisierung	Zellstruktur	statt abgeteilter Silos
03. Leaderships	Selbstorganisation	statt Management
04. Rundumerfolg	Passgenauigkeit	statt Monomaximierung
05. Transparenz	Fließintelligenz	statt Machtverstopfung
06. Marktorientierung	Relative Ziele	statt Chefvorgabe
07. Bedingtes Arbeits-einkommen	Teilhabe	statt Anreizung
08. Geistesgegenwart	Vorbereitung	statt Planwirtschaft
09. Rhythmus	Taktgefühl	statt Fiskaljahrsorientierung
10. Könnerentscheidung	Konsequenz	statt Bürokratie
11. Ressourcendisziplin	Zweckdienlichkeit	statt Statusgedöns
12. Flowkoordination	Wertschöpfungsdynamik	statt Zuweisungsstatik

12 Zellstrukturdesign-Prinzipien

01. Sphäre der Geschäftstätigkeit: schärfen, verschriftlichen & vergemeinschaften!
02. Peripherie & Zentrum: Peripheriezellen haben Marktkontakt, Zentrumszellen nicht!
03. Kopplung Peripherie/Zentrum: Peripherie ist an der Macht, Zentrum dient Peripherie!
04. Je mehr Peripherie- im Vergleich zu Zentrumszellen, desto mehr Wertschöpfungsgefühl
05. Zellen sind funktional integriert, füllen (fast) immer mehrere Funktionen & viele Rollen aus
06. Zell-Teamgrößen liegen idealerweise bei 5-8 Personen. Mitglieder üben mehrere Rollen aus
07. Peripheriezellen: sind maximal autonom, haben externe Kunden, erwirtschaften „Marge"
08. Zentrumszellen: machen weder Gewinn noch Verlust; haben Peripheriezellen als Kunden
09. Zentrumszellen haben Leistungskataloge (5-7 Leistungen); verhandeln Preise mit Peripherie
10. Zellen haben Relative Ziele und eine „G&V"; Peripheriezellen bezahlen das Zentrum
11. Transparenz: Zahlen/Daten/Fakten von Organisation & Teams sind offen, sichtbar & schnell
12. Peripheriezellen kooperieren, helfen sich gegenseitig, treffen Vereinbarungen miteinander

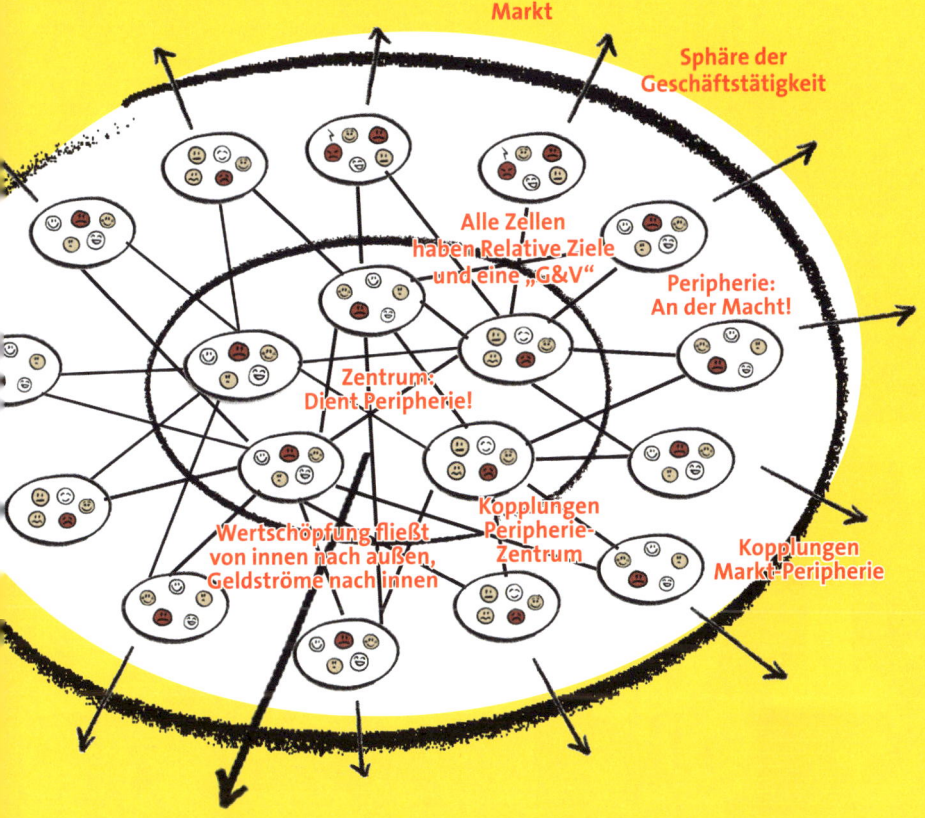

Markt

Sphäre der Geschäftstätigkeit

Alle Zellen haben Relative Ziele und eine „G&V"

Peripherie: An der Macht!

Zentrum: Dient Peripherie!

Kopplungen Peripherie-Zentrum

Wertschöpfung fließt von innen nach außen, Geldströme nach innen

Kopplungen Markt-Peripherie

8 praktische Tipps zum Zellstrukturdesign

01. Die richtige Designabfolge:
    erst Sphäre der Geschäftstätigkeit, dann Peripherie, dann Zentrum!

02. Systematisch-bewusste Spracharbeit: Zellstrukturdesign-Begriffe vergemeinschaften

03. Einladende Workshopsequenz: viele erarbeiten das Design –
    z.B. innerhalb von OpenSpace Beta

04. Zellen konstituieren sich selbst: legen nach der Workshopsequenz
    Zellidentität/-membran fest

05. Updates: Zellen aktualisieren ihre verschriftlichten Zellidentitäten mindestens 1x jährlich

06. Organisationshygiene: Regeln, Koordinationsrollen und Steuerungsmethoden abschaffen

07. Wissenskonferenzen, Communities & weitere Formate: dienen Vernetzung & Lernen

08. Zyklische OpenSpace Meetings: dienen Weiterentwicklung des Designs
    „mit möglichst allen"

Teil 1

Zellstrukturdesign-Konzepte

(Das muss man wissen.)

Die Grundlage:
Der Beta-Kodex
und seine 12 Gesetze

Einerseits beruht Zellstrukturdesign auf dem Beta-Kodex. Umgekehrt ist eine Beta-Organisation ohne Zellstrukturdesign nicht denkbar. Der Beta-Kodex ist ein unteilbares Set von Designprinzipien für jede Form arbeitsteiliger Organisation, das den höchstmöglichen Grad an teambasierter, unternehmerischer Selbstorganisation freizusetzen imstande ist. Das Set von Designprinzipien, das wir „Beta" nennen (siehe Übersicht rechts) ist leicht von den gegensätzlichen Prinzipien des Alpha-Kodex unterscheidbar: jener, häufig auch als „Management" bezeichneten Organisationstechnologie, die im Industriezeitalter zum Standardmodell der Unternehmensführung, ja gleichsam zum philosophischen Fundament der Betriebswirtschaftslehre aufstieg.

„Beta" ist nicht denkbar ohne die Unterscheidung zu „Alpha". „Teilhabe" beispielsweise wird erst dann bedeutungsvoll, wenn wir sie als Unterscheidung zur „Anreizung" und als Grundlage „Bedingten Arbeitseinkommens" begreifen (siehe Gesetz No. 7). „Vorbereitung" wird erst dann in vollem Umfang verständlich, wenn sie als Unterscheidung zur „Planwirtschaft" und als Grundlage von „Geistesgegenwart" begriffen wird (siehe Gesetz No. 8).

Zwei Bedingungen sind der Grund für die Überlegenheit von Beta-Prinzipien, im Vergleich zu Alpha-Prinzipien: Da wäre zunächst die Komplexität heutiger Märkte und Wertschöpfung zu nennen, die deutlich höher ist als jene Komplexität, die während des Industriezeitalters vorherrschte. Zweitens steht Beta, anders als Alpha, mit der Natur des Menschen im Einklang: Dies erweist sich

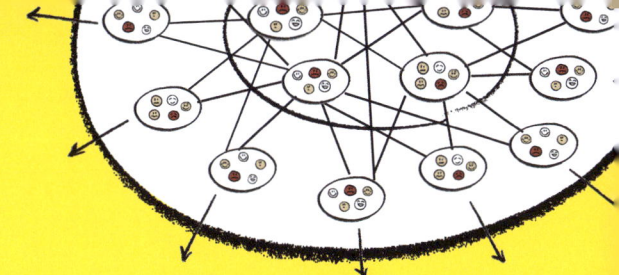

Die Prinzipien des Beta-Kodex

The BetaCodex® – Version 2018: www.betacodex.org

Gesetz	Tu' dies! (Beta)	Nicht das! (Alpha)
01. Teamautonomie	Sinnkopplung	statt Abhängigkeit
02. Föderalisierung	Zellstruktur	statt abgeteilter Silos
03. Leaderships	Selbstorganisation	statt Management
04. Rundumerfolg	Passgenauigkeit	statt Monomaximierung
05. Transparenz	Fließintelligenz	statt Machtverstopfung
06. Marktorientierung	Relative Ziele	statt Chefvorgabe
07. Bedingtes Arbeits-einkommen	Teilhabe	statt Anreizung
08. Geistesgegenwart	Vorbereitung	statt Planwirtschaft
09. Rhythmus	Taktgefühl	statt Fiskaljahrsorientierung
10. Könnerentscheidung	Konsequenz	statt Bürokratie
11. Ressourcendisziplin	Zweckdienlichkeit	statt Statusgedöns
12. Flowkoordination	Wertschöpfungsdynamik	statt Zuweisungsstatik

unter den Bedingungen heutiger Marktkomplexität als entscheidender Vorteil. Denn Beta-Organisationen können Motivation, Einfallsreichtum, unternehmerischen Impuls und Entfaltungsdrang arbeitender Menschen in höherem Umfang nutzbar machen als Alpha-Organisationen. Dies dient der Wertschöpfung und den Menschen in der Organisation gleichermaßen.

Zur Bedeutung von Fallbeispielen („Cases") für Beta und den Beta-Kodex

1998 wurde in Großbritannien ein Forschungsprojekt namens *Beyond Budgeting* ins Leben gerufen. Das Projekt wurde von einer Mitgliederorganisation namens Beyond Budgeting Round Table, BBRT, getragen. Die Forschungs-direktoren des BBRT begannen, Unternehmen aufzuspüren, zu besuchen und systematisch zu untersuchen, die ohne Budgetsteuerung auskamen und die höchst erfolgreich waren. **Sie stießen auf außergewöhnliche Unternehmen wie Handelsbanken, Ikea, Ahlsell, Guardian Industries und Borealis.** Wichti-ger noch: Sie erkannten, dass diese Unternehmen Pioniere eines in sich kohä-renten, nicht allzu häufig anzutreffenden Organisationsmodells „jenseits von Weisung und Kontrolle" oder „jenseits von Alpha" waren, das sich ebenso wie traditionelles Management durch eine Reihe von Prinzipien beschreiben ließ. So unterschiedlich die Pionierunternehmen auch waren: Die Prinzipien, nach denen sie sich organisierten, ähnelten sich.

Zwischen 1999 und 2002 wurden diese beiden Sets von Prinzipien, Alpha und Beta, abgeleitet aus der Fallstudienforschung des BBRT, sukzessive ausformu-liert und verfeinert. Weitere „Cases" von Pionierorganisationen kamen hinzu. **Insbesondere die Unternehmensbeispiele von Toyota, W.L. Gore, Southwest Airlines, AES, Semco, Aldi und dm-drogerie markt trugen zusätzlich dazu bei, das Verständnis von Praktiken und Prinzipien des Beyond Budgeting-Modells immer weiter zu vertiefen.** Zudem arbeiteten einzelne BBRT-Direktoren, allen voran Robin Fraser und Niels Pfläging, ab 2003 mit Unternehmenskunden in Italien, Brasilien und Deutschland in konkreten Transformationsprojekten zu-sammen. Sie kamen dabei mit den Jahren unter anderem den Konzepten zur Erzeugung konsequent dezentralisierter Zellstrukturen auf die Spur.

Mit der Gründung des BetaCodex Network im Jahr 2008 wurden die 12 Prin-zipien des Modells sprachlich stärker verdichtet. Die Formulierungen wurden teilweise geschärft und das Beyond Budgeting-Organisationsmodell insge-samt in „Beta-Kodex" umbenannt. Eine weitere sprachliche Aktualisierung und Überarbeitung des Beta-Kodex fand 2018 statt. Weitere Überarbeitungen werden weiterhin nach Bedarf erfolgen.

Einflüsse auf den Beta-Kodex

Die Wurzeln des Beta-Kodex reichen weit in die Vergangenheit zurück. Bis zu Vordenkerinnen und Vordenkern wie Mary Parker Follett (1868-1933), Kurt Lewin (1890-1947), W. Edwards Deming (1900-1993), Douglas McGregor (1906-1964), Eric Trist (1909-1993), Peter Drucker (1909-2005), ja sogar Frederick W. Taylor (1856-1915). Praktiker wie Taiichi Ohno von Toyota (1912-1990) trugen selbstverständlich ebenfalls maßgeblich zur Entschlüsselung der Prinzipien organisationsweiter Selbststeuerung bei. Jedoch: Erst mit der Ausbildung von Individual- und Sozialpsychologie, von Kybernetik und Systemtheorie konnten sich Konzepte und Begrifflichkeiten einer komplexitätsrobusten Unternehmensführung zu einem in sich geschlossenen Theoriegebilde verdichten.

Die zwölf Prinzipien des Beta-Kodex sind unzerteilbar: Sie sind nicht nur in sich konsistent, sondern sie stützen sich untereinander und sind allesamt Grundbedingungen für systemweite Selbstorganisation, die „skaliert". Der Beta-Kodex ist geeignet, um allen Herausforderungen einer „post-industriellen" Marktwirtschaft und Unternehmensführung zu begegnen. Die zwölf Prinzipien sind dabei einerseits selbst marktwirtschaftlich geprägt. Andererseits setzen sie einen Rahmen, in dem humanistisch gearbeitet und sich menschliches Potenzial entfalten kann.

{ Der Beta-Kodex beschreibt einen konsistenten, demokratisch und marktwirtschaftlich geprägten Ansatz dafür, wie Organisationen in der Ära der Komplexität zu designen und zu betreiben sind. }

Wertschöpfung: Nur als Zellstruktur denkbar

Seit den 1970er-Jahren wird versucht, Wertschöpfungsströme in Form von Prozess- und Wertketten oder als Flussdiagramme zu veranschaulichen. Meist führen derartige Visualisierungen zu viel Dokumentation, selten jedoch zu Einsicht und Verbesserung. Der Grund hierfür ist, wie wir heute wissen, in der Dualität der Wertschöpfung zu suchen. Während sich Kompliziertes – „das Blaue", wie wir es nennen – in Diagrammen erfassen, standardisieren, regeln, steuern, prozessualisieren, prinzipiell auch automatisieren lässt, entzieht sich Komplexes („das Rote") der Unterwerfung durch Standards und Prozesse. Rote Systeme sind lebendig. Sie erzeugen Überraschung, und damit neue, überraschende Probleme.

Wertschöpfung nun hat beides: sie hat blaue und sie hat rote Anteile. Die blauen Anteile können oder sollten wir „optimieren", kontrollieren, steuern. Oft sogar automatisieren. Den roten, den komplexen Anteilen von Wertschöpfung indes lässt sich nur mit eigener Komplexität wirksam begegnen: Es bedarf Könnern bzw. Menschen mit Ideen, um reale, rote Wertschöpfungsprobleme zu lösen. Es bedarf Kommunikation und „Miteinander-Füreinander-Leisten". All das ist weder gut, noch schlecht. Es ist nur eine systemische Tatsache: Wertschöpfung und Zusammenarbeit beinhalten stets „rote" Probleme.

Der Natur von Wertschöpfung auf der Spur, wurde in den 2000er-Jahren begonnen, Organisation vermehrt mit der Metapher des Betriebssystems zu erklären. Die Nutzung dieses Sinnbilds aus der IT für Organisationen wurde z.B.

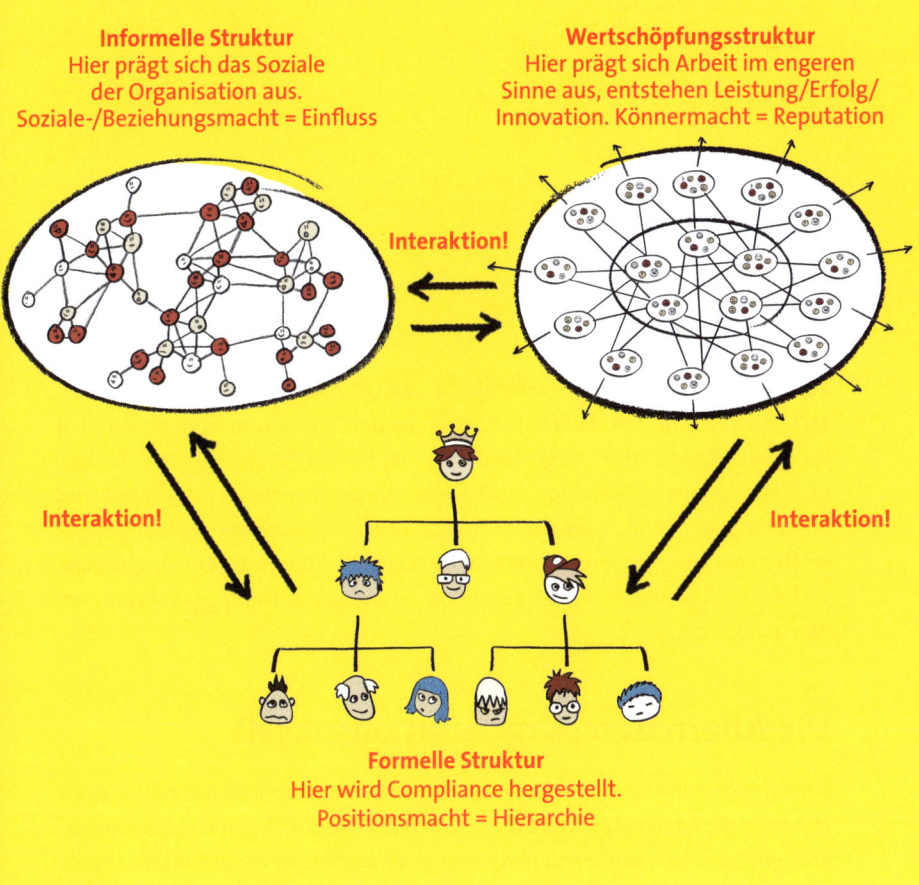

Informelle Struktur
Hier prägt sich das Soziale
der Organisation aus.
Soziale-/Beziehungsmacht = Einfluss

Wertschöpfungsstruktur
Hier prägt sich Arbeit im engeren
Sinne aus, entstehen Leistung/Erfolg/
Innovation. Könnermacht = Reputation

Interaktion!

Interaktion!

Interaktion!

Formelle Struktur
Hier wird Compliance hergestellt.
Positionsmacht = Hierarchie

durch John Kotters Vorschläge zu einem „Dualen Betriebssystem" („Dual Operating System") befeuert. Solche Beiträge weisen in die richtige Richtung – sie lassen wesentliche Aspekte von Leistungsentstehung jedoch ebenso unerklärt wie Michael Porters Vorschläge zu „Wertketten" oder Konzepte des Prozessmanagements aus den 1990er-Jahren. Denn Organisationen sind komplexe, lebendige Systeme – und sie sind aus Kommunikation gemacht. Nicht aus Code, aus Schritten oder Kettengliedern! Als soziale, als „rote" Systeme entziehen Organisationen sich der Programmierung und der Steuerung. Sie steuern sich, tatsächlich, selbst!

Auch die traditionelle Betriebswirtschaftslehre verfügt über Begriffe, die uns helfen sollen, der Wertschöpfung zu Leibe zu rücken – die aber seit jeher zu

kurz springen. **Der Betriebswirt spricht von „Aufbau- und Ablauforganisation".** Das Problem: Mit diesen gleichfalls „blauen" Konzepten kommt man bei der Bearbeitung „roter" Fragestellungen und bei der Bearbeitung von Problemen in lebendigen Systemen nicht weiter. Diese Begriffe und Konzepte sind unterkomplex. Ähnlich wie Versuche, sich Wertschöpfung mittels Matrixorganisation oder kompliziert-technokratischer Entscheidungs- und Abstimmungsverfahren zu nähern. Kurzum: Es ist Zeit für eine neue Herangehensweise an Wertschöpfung.

Die Alternative: Organisationsphysik

Ein hilfreicherer Ansatz, um Organisationen in ihrer komplexen Funktionsweise besser zu verstehen und sie aus der Perspektive der Organisationsentwicklung wirksam bearbeitbar zu machen, ist der Ansatz der Organisationsphysik: Organisationen – gleich welcher Art, Größe, Herkunft oder Branche, gleich welchen Alters – verfügen stets über drei Strukturen, die auf komplexe Weise miteinander interagieren. Jeder Akteur in einer Organisation ist Teil jeder der drei Strukturen. Diese drei Strukturen sind die folgenden:

- **Formelle Struktur.** Sie sollte ausschließlich der Herstellung von Compliance oder „Gesetzmäßigkeit" dienen. Leider wird bis heute versucht, mit ihrer Hilfe Wertschöpfung zu steuern, sowie Probleme von Arbeit und Leistung zu lösen: Ein teurer Irrweg, der organisationales und menschliches Leiden erzeugt. Hierarchie, bzw. die Macht, die aus Formeller Struktur erwächst, kann man nicht und muss man nicht abschaffen. Sie ist jedoch nicht hilfreich dabei, wertschöpfende Arbeit zu organisieren!

- **Informelle Struktur.** In ihr manifestiert sich das Soziale der Organisation. Flurfunk, Gerüchteküche, Raucherklüngel, graue Eminenzen, kurzer

Dienstweg, Mobbing, Solidarität: All das und noch viel mehr sind typische Dynamiken innerhalb informeller Struktur. Aus dieser Struktur heraus erwächst die Macht von Akteuren, die wir Einfluss nennen.

- **Wertschöpfungsstruktur.** Häufig ignoriert, oft untergebuttert, selten präzise verstanden und versprachlicht, ist dies die einzige der drei Strukturen, innerhalb derer im engeren Sinne gearbeitet, also „wertgeschöpft" werden kann. Hier können Leistung, Wettbewerbsfähigkeit und Erfolg, aber auch Innovation entstehen.

Zellstrukturdesign handelt vorrangig von dieser letzten Struktur.

{ Zellstrukturdesign hilft dabei, Wertschöpfungsstruktur wirksam zu bearbeiten, freizulegen, zu stärken. Und dabei, Organisationen so in Balance zu bringen, dass Höchstleistung höchst wahrscheinlich wird. }

Konsequent marktwirtschaftlich

Der Überhöhung Formeller Struktur in einer Organisation wohnt stets ein autokratisch-patriarchalischer, ja ein planwirtschaftlich-marktabgewandter Geist inne. Denn Unternehmen, die vorrangig auf Hierarchie oder das Oben ausgerichtet sind, büßen Außenreferenzierung ein: Sie neigen zur Heroisierung von Führungskräften, kultivieren erlernte Hilflosigkeit, forcieren Abhängigkeit und Unterwerfung. Sie überakzentuieren hierarchische Steuerung, vernachlässigen Marktsteuerung von außen.

Anders formuliert: Zu viel Formelle Struktur oder Oben-Unten-Logik lähmt und behindert Wertschöpfung. Derartige „Alpha-Unternehmen", wie wir pyramidenhafte, von oben gesteuerte Weisungs- und Kontroll-Organisationen nennen, geraten aus der Balance. Hier wird die Wertschöpfungsstruktur durch hierarchische Steuerung geschwächt und ruhiggestellt wie ein betäubter Muskel. Darunter leiden Innovationsfähigkeit, Kundennähe, Ergebnisse und Wettbewerbsfähigkeit. Aber natürlich auch Engagement, Lernen und Entwicklung, sowie Potenzialentfaltung. In Zeiten der Komplexität lässt sich nicht viel Gutes über Alpha-Organisation sagen. In Alpha-Organisation gibt es keine Gewinner.

In Komplexität können Organisationen nur dann in Balance kommen, wenn sie auf die drei Strukturen der Organisationsphysik, die auf der vorherigen Doppelseite eingeführt wurden, folgendermaßen einwirken:

1. Indem sie die Wertschöpfungsstruktur an erste Stelle setzen – sie bewusst gestalten, stärken und pflegen!

Nachhaltigkeit bedeutet:
den positiven Wirkungskreis zwischen
den Anspruchsgruppen schließen.

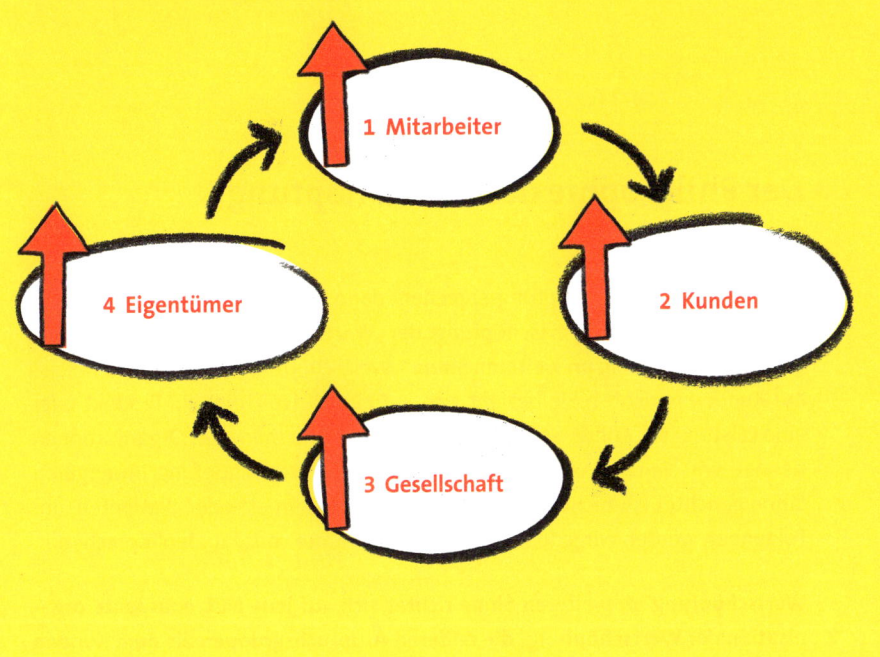

2. Indem sie sich darauf beschränken, **Formelle Struktur** ausschließlich für die Erzeugung von Compliance einzusetzen!

3. Indem sie **Informelle Struktur** konstruktiv irritieren, sodass die „soziale Struktur" für die Wertschöpfung als eine Art „Schmiermittel" fungieren kann.

Ersteres ist der inhaltliche Schwerpunkt dieses Handbuchs. Für weitere Aspekte organisationaler Balance empfehlen wir z.B. die Lektüre unseres Buchs „Komplexithoden". In der Auseinandersetzung mit der Natur des Zellstrukturdesigns indes lohnt es sich, zunächst dem Konzept der Wertschöpfung etwas näher auf den Grund zu gehen.

Der Philosophie der Wertschöpfung auf der Spur

Wenn wir von Wertschöpfung sprechen, dann lässt sich unterscheiden zwischen zwei Arten von Wertschöpfung: der **„Wertschöpfung im engeren Sinne"** und **„Wertschöpfung im weiteren Sinne"**. Wertschöpfung im engeren Sinne ist auf Kunden gerichtet: Sie bezieht sich auf den Nutzen, den ein Produkt oder eine Leistung für Kunden oder Nutznießer stiftet. In manchen Organisationen nennen wir diejenige Anspruchsgruppe, auf die Wertschöpfung im engeren Sinne gerichtet ist, nicht „Kunden", sondern z.b. „Bürger" oder „Patienten". Im Folgenden werden wir jedoch vereinfachend immer von „Kunden" sprechen.

Wertschöpfung im weiteren Sinne richtet sich auf jene Nutzenaspekte organisationaler Wertschöpfung, die anderen Anspruchsgruppen als dem Kunden nutzen: Denn natürlich ist jedes Gehalt, das ein Unternehmen zahlt – und das einer Mitarbeiterin oder einem Mitarbeiter ein Einkommen ermöglicht, eine Form gesellschaftlicher Nutzenstiftung. Jeder Steuercent, den eine Firma generiert, ist nützlich für unsere Gesellschaft. Die Umwelt weniger zu verschmutzen als Wettbewerber bedeutet gleichfalls gesellschaftlichen Nutzen. Jede Gewinnausschüttung an die Gesellschafter eines Unternehmens stiftet Eigentümernutzen, also ebenfalls Nutzen, der der Gesellschaft zukommt. Wertschöpfung im weiteren Sinne ist also jener Nutzen, der auf die Gesellschaft, die Eigentümer der wertschöpfenden Organisation und auf „Mitarbeiter" gerichtet ist. All diese Stakeholder bzw. Anspruchsgruppen erfahren „indirekte" Nutzenbeiträge, die nicht unmittelbar in den Nutzeneigenschaften von Produkt oder Leistung liegen.

Anders und gewissermaßen philosophisch formuliert: Jedes Unternehmen ist „sozial". Denn es schöpft unweigerlich Wert für alle Stakeholder – nicht nur für

„Eigentümer" oder „Kunden". Organisationen tun dies für und mit Menschen. Und vor allem durch Menschen.

Anders ausgedrückt: Reine Kundenorientierung ist nicht genug für eine Organisation! **Jede Organisation sollte einen durchgängigen, positiven Wirkungskreis zwischen diesen Anspruchsgruppen erzeugen (siehe Seite 31), der bei den Mitgliedern der Organisation beginnt.** Diese schöpfen Kundennutzen. Ist diese Wertschöpfung „überlegen", dann kann überlegener gesellschaftlicher Nutzen entstehen (mehr Steuern zahlen/die Umwelt weniger schädigen/besserer Corporate Citizen sein usw.) und überlegene Wertschöpfung für Eigentümer. Wenn dies alles geschieht, dann sollte diese durchgängig überlegene Wertschöpfung wieder Teams und Mitarbeitenden zugute kommen. Der positive Wirkungskreis schließt sich. Man könnte das auch „marktwirtschaftliche Nachhaltigkeit" nennen.

{ Überlegene, auf alle Anspruchsgruppen abzielende Wertschöpfung zu ermöglichen – das ist das Anliegen wirksamen Zellstrukturdesigns und der Betonung von Wertschöpfungsstruktur. Überlegene Wertschöpfung dient allen – Mitarbeitern, Kunden, Gesellschaft, Eigentümern! }

Zentrale Elemente
eines Zellstrukturdesigns

Zellstrukturdesign funktioniert gänzlich anders als traditionelle Strukturkonzepte, derer sich Organisationen aller Art seit dem Industriezeitalter wie selbstverständlich bedient haben und die vor allem auf interne Steuerung und Zentralisierung ausgerichtet sind. Die Konzepte des Zellstrukturdesigns wollen das Gegenteil von Steuerbarkeit und zentraler Entscheidung erreichen: Sie sind vor allem auf dezentralisierte, marktgetriebene Selbstorganisation sowie Dezentralisierung von Entscheidung gerichtet. Daraus ergibt sich eine andere Logik der Strukturierung und des Organisationsdesigns.

Die prägenden Konstruktionselemente eines Zellstrukturdesigns sind in der Abbildung oben rechts sichtbar – sowie auch in zahlreichen anderen Abbildungen dieses Buchs. Diese Strukturelemente sind die folgenden:

- **Markt bzw. Märkte.** Sie üben Marktsteuerung auf die Organisation aus, indem sie an der Organisation „ziehen". Jede Organisation der Welt hat so etwas: Märkte umgeben jede Organisation!

- **Eine Organisationsgrenze,** die sogenannte Sphäre der Geschäftstätigkeit. Sie spannt den Handlungsraum der Organisation auf, indem sie ihn abgrenzt: Diese Sphäre der Geschäftstätigkeit unterscheidet zwischen „innen" und „außen". Sie schafft für eine Organisation die Verhältnisse, in denen sich anschließend Wertschöpfung entfalten kann.

- **Zellen.** Sie sind die kleinsten Einheiten organisationaler Wertschöpfung. Zwei Arten von Zellen lassen sich unterscheiden: jene des Zentrums (ohne

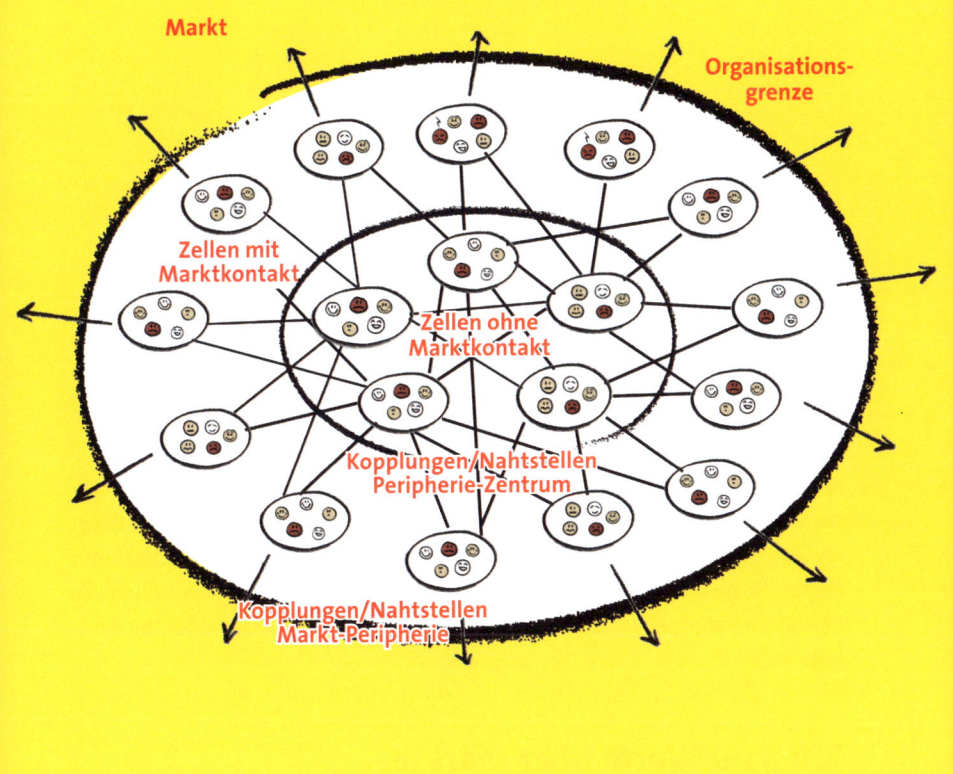

Marktkontakt) und jene der Peripherie (mit Marktkontakt). Relative Leistungsmessung macht die Leistung dieser Organisationseinheiten sichtbar.

- **Verbindungen („Kopplungen"/„Nahtstellen") zwischen Markt & Peripherie.** Sie bilden externe Leistungs- oder Wertschöpfungsbeziehungen ab, für die der externe Kunde eine Rechnung bezahlt.

- **Verbindungen („Kopplungen"/„Nahtstellen") zwischen Zellen von Peripherie & Zentrum.** Sie stellen interne Leistungs- oder Wertschöpfungsbeziehungen zwischen Peripherie und Zentrum dar, für die der interne Kunde (die Peripherie) eine „Rechnung" bezahlt. Die sogenannte Wertschöpfungsrechnung macht diese Kopplungen sichtbar.

Was die Abbildungen dieses Buches nicht zeigen, sind reine Kommunikationsbeziehungen in einer Organisation, die neben der Wertschöpfung existieren. Das kann Kommunikation zwischen einzelnen Akteuren sein (z.b. informeller Art) oder zwischen Zellen in der Zellstruktur (z.b. im Rahmen von Interessensgemeinschaften, Lern-Communities, Communities of Problems).

Nicht erforderlich in Zellstrukturdesign, ja sogar unvereinbar mit einem solchen Design, sind Linienorganisation, Funktionsbereiche, Abteilungen, Stabsstellen, „dotted lines", Business Units/Divisionen/Geschäftsbereiche/Profit Center, Shared Services oder Service Partner, sowie „steuernde" Positionen wie Produktmanager, Key Account Manager, Projektmanager, COOs oder Bereichsleiter.

Ein paar Worte über Märkte

Märkte. Das ist ein Oberbegriff. Denn tatsächlich gibt es unterschiedliche Märkte, in denen sich verschiedenste Akteure oder Stakeholder tummeln: Kunden, Eigentümer, Banken, Gesellschaft, Wettbewerber, Lieferanten, Gewerkschaften, Verbände, Bewerber, Bildungs- und Forschungseinrichtungen, staatliche Institutionen und so weiter.

Verständnis von Märkten ist für das Zellstrukturdesign bedeutsam: Denn Zellstruktur-Netzwerke erlangen durch Marktzug Robustheit und Anpassungsfähigkeit. Es sind die Märkte bzw. die Akteure darin, die ein Zellstrukturdesign unter Spannung setzen – nicht die Ausübung interner, hierarchischer Macht! Marktzug ist jener „Zug", den externe Kunden und andere Akteure von außen auf die Organisation ausüben. Durch die Beziehungen zwischen internen Akteuren (Zellen), deren Komplexität derjenigen der Marktdynamik entsprechen muss, setzt sich Marktzug in der Organisation fort. So steuert Markt die Organisation. Interne Steuerung durch Manager, Pläne, Strategien, Regeln, Anweisungen wird überflüssig. Ja sie ist in komplexen Märkten hinderlich oder sogar schädlich.

Wenn wir über Zellstrukturen, Markt und Marktzug sprechen, dann haben wir dabei stets Unternehmen im Blick, die ihr Bestehen aus dem Erfolg an Kundenmärkten ableiten. Unternehmen dagegen, die sich von Finanzinvestoren oder von Finanzmärkten steuern lassen, sind von einem anderen Spiel dominiert: Hier steht die Wette auf schnelles Geld in kurzer Zeit im Vordergrund. Damit beschäftigen wir uns in diesem Buch nicht.

{ Das Phänomen, das dort entsteht, wo sich Zellen und Markt begegnen, wo externer Markt an einer Organisation „zieht", nennen wir Marktzug. Durch Marktzug, kombiniert mit internen Kopplungen kommt in Zellstruktur Spannung auf. }

Organisation als Pfirsich – statt als Pyramide!

Zellstrukturdesign ist nur mithilfe einer fundamentalen Unterscheidung möglich: dem Unterschied zwischen Zentrum und Peripherie. Die konsequente Verarbeitung dieser Unterscheidung im Organisationsdesign macht einen wichtigen Teil des Innovationsgehalts von Zellstrukturdesign aus. Anders gesagt: Wenn man Zentrum und Peripherie nicht voneinander zu unterscheiden weiß, dann lässt sich komplexitätsrobuste Wertschöpfungsstruktur gar nicht denken!

Beim Zellstrukturdesign wählen wir nicht „irgendeine" Betrachtungsweise von Organisation. Wir nehmen ganz bewusst sowohl einen systemischen, wie auch einen systemtheoretischen Blickwinkel ein. Diese Herangehensweise versteht Organisationen als Systeme innerhalb größerer Systeme namens „Märkte". Die systemtheoretische Perspektive zwingt uns also, das System Organisation widerspruchsfrei von außen nach innen zu denken.

Eine Eigenheit komplexer Märkte ist, dass sie Organisationen in Peripherie und Zentrum „zerlegen". Zumindest tun sie das mit Organisationen, die über mehr als, sagen wir, zehn oder 20 Organisationsmitglieder verfügen. Während nämlich im ganz kleinen Unternehmen jeder Akteur noch ständig leichtfüßig zwischen Team-Rollen hin- und herwechselt, so verfestigen sich Rollen in Organisationen, sobald diese dem „Einzellerstatus" entwachsen. Es gibt dann zwei Arten von Rollen:

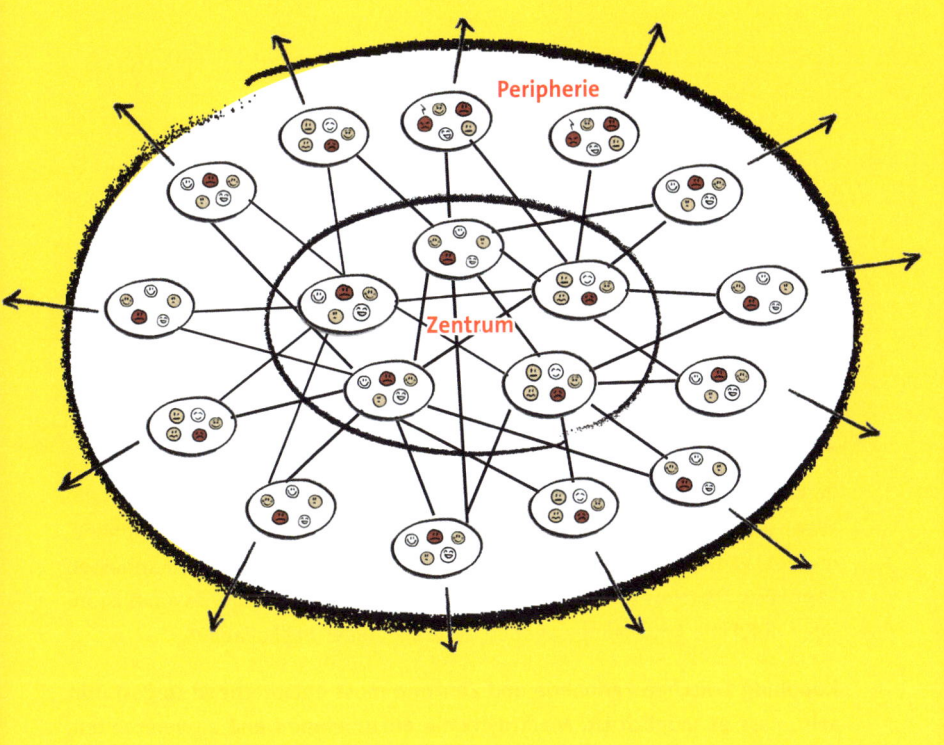

- **Jene Rollen, die mit den Anforderungen des Marktes wertschöpfend um-gehen. Wir nennen sie Peripherie.** Die Peripherie ist derjenige Teil einer Organisation, der über Marktkontakt verfügt. Durch die Interaktion mit dem Markt, insbesondere mit direkten Empfängern der Wertschöpfung, ist Peripherie in der Lage, am Markt zu lernen. Gleichzeitig isoliert sie das Zentrum vom Markt.

- **Jene Rollen, die mit den Anforderungen der Peripherie wertschöpfend umgehen. Wir nennen sie Zentrum.** Das Zentrum kann nicht vom Markt lernen – es verfügt über keine direkte Kopplung mit dem Markt. Es kann also nur von der Peripherie lernen.

Doch Vorsicht: „Vorstand" und „Zentrale" oder „Werker" in der Produktion sind nicht gleich Zentrum – „Vertriebler" in Niederlassungen sind nicht gleich Peripherie! Es geht bei der Unterscheidung zwischen Peripherie und Zentrum um Funktionen, Rollen, Aufgaben – nicht um einzelne Menschen oder Orte!

Das Primat der Dezentralisierung

In Komplexität müssen Organisationen dezentralisiert und föderativ sein: Wenn außen der Markt regiert, ist es innerhalb der Organisation die Peripherie, die Geld verdient, die am Markt lernt, die sich schnell und intelligent anpassen kann. Das Zentrum verliert hier seinen Kompetenzvorsprung – es kann kaum noch nützliche Anweisungen geben, zentrale Steuerung kollabiert.

Kopplung zwischen Peripherie und Zentrum muss entsprechend so gestaltet sein, dass es möglich ist, Marktdynamik aufzunehmen und zu verarbeiten. Dazu muss die Peripherie das Zentrum marktlich steuern und Ressourcenhoheit besitzen. Letztlich ist Dezentralisierung im Sinne eines Zellstrukturdesigns also stets damit verbunden, Teams in der Peripherie immer größere Autonomie (altgriechisch: Selbstständigkeit) zu verleihen. Dies geschieht einerseits durch funktionale Integration, die diesen Teams ermöglicht, weitestgehend eigenständig zu leisten. Andererseits durch Hoheit über die eigene Ressourcen.

Dezentralisierung geht in Zellstrukturdesign häufig mit der Dezentralisierung bestimmter Funktionen und Aufgaben einher, um die Autonomie von Teams zu erhöhen. Das bedeutet jedoch nicht, dass alle Aktivitäten dezentralisiert werden müssten! Funktionen wie „Produktion" oder „Entwicklung" können im Zentrum oder in der Peripherie angelegt sein: Die wesentliche Frage ist nicht vorrangig, wo diese Funktionen ausgeübt werden, sondern, wie die Kopplung zwischen Teams der Peripherie und des Zentrums ausgestaltet ist. Denn wegen der Komplexität der Märkte muss Peripherie an der Macht sein!

Wo Innovation zuhause ist

Innovation ist immer Zentrumsrolle. Das hat einen triftigen konzeptionellen Grund: Denn Innovation ist (noch) keine unmittelbare Kundenwertschöpfung. Kein Kunde bezahlt eine Rechnung dafür! Sollte doch ein Kunde dafür eine Rechnung bezahlen, dann handelt es sich, aus dem systemtheoretischen Blickwinkel heraus betrachtet, bei dem, was da betrieben wird, nicht um Innovation, sondern um „Dienstleistung" der Peripherie.

Wer dagegen mit echter Innovation zu tun hat, spielt immer eine Zentrumsrolle. Setzt quasi einen (zusätzlichen) Zentrums-Hut auf. Das kann prinzipiell jedes Organisationsmitglied tun. Denn Menschen sind mühelos in der Lage, zwischen Rollen hin- und herzuwechseln. Wenn man sie lässt.

{ Dezentralisierung in einer Organisation bedeutet, die Peripherie an die Macht zu bringen! In Zellstrukturdesign erhalten Peripheriezellen die Autorität, Businessentscheidungen innerhalb der Sphäre der Geschäftstätigkeit autonom zu treffen. Die Peripherie hat Ressourcenhoheit. }

Teil 2

Zellstrukturdesign-Elemente

(Ohne das geht es nicht.)

Die Sphäre der Geschäftstätigkeit

Eine Zellstruktur beginnt an ihrer Außengrenze. Sozusagen an der „Außenhaut des Pfirsichs". Bei der Entwicklung eines Zellstrukturdesigns gilt es, zuallererst an dieser Außenhaut anzusetzen: Sie muss „geschärft und geklärt" sein. Denn die Sphäre der Geschäftstätigkeit ist entscheidend für die Identitätsbildung einer Organisation: Sie unterscheidet zwischen drinnen und draußen. Anders gesagt: Alle Organisationen entstehen durch Zutritt, ihre Konturen jedoch schärfen sich durch Austritt!

Organisationssoziologisch gesehen ist die Sphäre der Geschäftstätigkeit also überaus bedeutsam. Für Selbstorganisation indes ist sie entscheidend: Damit Selbstorganisation sich voll entfalten kann, muss ein System von einer klar konturierten Grenze umgeben sein. Diese Voraussetzung definiert, was das „Selbst" ist, das sich entwickeln soll. Und ob hoch-komplexe Interaktionen entstehen. Kurz gesagt: **In Organisationen hat die Grenze oder Sphäre die Rolle, selbstorganisierten Zellen den Weg zur Wertschöpfung zu weisen.** Ohne dass es dafür Chefs, Oben, zentraler Autoritäten oder Steuerung bedürfen würde.

Als Artefakt der Identitätsschärfung muss die Sphäre der Geschäftstätigkeit diese Aspekte umreißen:

- **Den Daseinszweck** der Organisation: Warum gibt es uns? Dieser Daseinszweck hat stets mit der unmittelbaren Kundenwertschöpfung, der Wertschöpfung im engeren Sinne, zu tun.

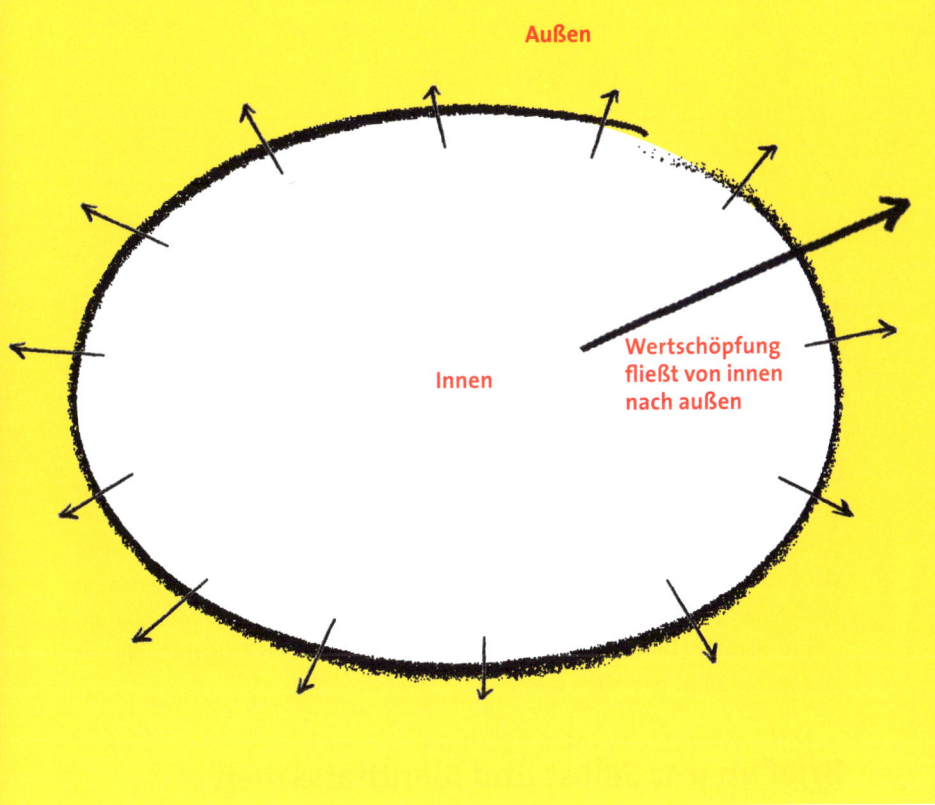

- **Das Geschäftsmodell.** Es beantwortet die Frage: Was genau ist unser Geschäft, unser Business? Wie ist unsere Positionierung im Markt? Diese Festlegung muss für die Organisation als Ganzes geschehen. Zusätzlich sollten später übrigens einzelne Zellen ihre spezifischen Geschäfte in Form eigener „Mini-Sphären" definieren (siehe Seite 70-73 und 78-81 dieses Handbuchs).

- **Das Organisationsmodell:** Welchen Prinzipien folgt unsere Organisation? Wie organisieren wir Zusammenarbeit? Als Grundlage und Ausgangspunkt zur Formulierung dieser Prinzipien für eine spezifische Organisation können die 12 Gesetze des Beta-Kodex dienen (siehe Seite 22-25).

- **Prinzipien der Zusammenarbeit:** Wie arbeiten wir als Individuen und als Persönlichkeiten zusammen? Ein paar Beispiele für solche Prinzipien: „Tu nichts Böses." „Wir gehen sparsam und umsichtig mit all unseren Ressourcen um." Oder: „Wir pflegen unbedingt erwachsenen Umgang."

Das Organisationsdesign, also die Zellstruktur, folgt logisch der Sphäre der Geschäftstätigkeit. Sind die vier Aspekte der Sphäre, nämlich Daseinszweck, Geschäftsmodell, Organisationsmodell und Prinzipien der Zusammenarbeit nicht klar und schlüssig gefasst, wird die Zellstruktur niemals so passgenau gestaltet sein können, wie dies möglich und nötig ist. Entscheidungen und Vereinbarungen zu allen vier Domänen müssen folglich bereits vor dem Zellstrukturdesign im engeren Sinne getroffen werden.

Brief an uns Selbst und Identitätsarbeit

Diese fundamental bedeutsamen Elemente des Handlungsrahmens einer Organisation sollten schriftlich festgehalten werden, z.B. in einem „Brief an uns Selbst", einem Manifest oder „Kulturbuch". In einem solchen Dokument können zusätzliche Inhalte Eingang finden: Die Herkunft und Geschichte der Organisation kann gewürdigt, die Dringlichkeit zur Veränderung sollte sorgfältig begründet und ausformuliert werden. Zusätzlich können organisationale Rituale und Übergangsrituale der Organisation benannt werden, z.B. OpenSpace Beta als Ritual gemeinschaftlicher Organisationsentwicklung.

Ein paar Worte zur Verwendung von Sprache im Brief an uns Selbst: **Die Sprache, die wir zur Beschreibung einer Sphäre der Geschäftstätigkeit verwenden, darf nicht langweilen! Sie muss griffig und eindeutig sein und darf zur Reibung anregen.** Es macht eben einen Unterschied, ob man sagt: „Wir wollen den Menschen in den Mittelpunkt stellen", oder: „Damit wir mit Menschen durch Menschen Leistung erzeugen können, pflegen wir unbedingt erwachsenen Umgang. Intern wie extern!" Ob man sagt: „Wir achten auf Kosten" oder: „Wir gehen stets sparsam mit allen unseren Ressourcen um."

Identitätsarbeit beginnt und endet nicht bei der schriftlichen Ausformulierung der Sphäre der Geschäftstätigkeit in einem druckfähigen Dokument. Im Sinne der Vergemeinschaftung der Identität der Organisation bedarf es gemeinsamer „Identitätsarbeit" an Geschäftsmodell, Organisationsmodell und Prinzipien der Zusammenarbeit. Verschiedene „Komplexithoden", also angemessen komplexe Organisationswerkzeuge, können hierzu zum Einsatz kommen. Darunter „Tandemgespräche", OpenSpaces und Wissenskonferenzen. Überhaupt sind in einer Zellstruktur alle unternehmerischen Entscheidungen und Konflikte immer auch Gelegenheiten zur Schärfung des Identitätsverständnisses. Konsultativer Einzelentscheid und Interne Märkte dienen ebenfalls der Identitätsarbeit.

{ Geteilte Identität – und nicht etwa „Kultur"! – ist das, was Kommunikation in Zusammenarbeit effizient, reibungslos und wirksam macht. Diese Identität zu erarbeiten bedarf der ständigen Klärung der Sphäre der Geschäftstätigkeit. }

Relative Ziele für Markt-orientierung & permanente Herausforderung

Relative Ziele und Leistungsmessung sind die Grundlage für wirksames Controlling in Komplexität. Insbesondere im Zusammenhang mit Zellstrukturdesign. Relative Ziele beruhen auf einem fundamental Markt-, Gegenwarts- und Team-bezogenen Blick auf Leistung. Das unterscheidet sie von denjenigen Formen der Leistungsmessung, die in den meisten Organisationen bis heute üblich sind. Mit Relativen Zielen einher gehen veränderte Rituale der Nutzung von Berichten, Metriken und Indikatoren. Der Clou: Durch Relative Ziele wird Planung verzichtbar. Prognosen können fast vollständig entfallen!

In der Sozialtechnologie Relativer Ziele & Leistungsmessung verändern sich die Bezugspunkte der Leistungsbetrachtung dramatisch:

- **Weg vom Trugbild der individuellen Leistung, hin zur Erfolgsmessung ausschließlich auf der Ebene von Zelle bzw. Team.**
  Individuelle Ziele und vermeintliche Leistungsmessung entfallen. Sie werden aktiv vermieden.

- **Weg vom Vergleich „Plan-zu-Ist", hin zu „Ist-zu-Ist"-Vergleichen.**
  Ist-Ist-Vergleiche berücksichtigen Vorperioden, um Entwicklungstendenzen über längere Zeiträume hinweg verfolgen zu können („März versus März des Vorjahres"). Zusätzlich können Teams ihren Fortschritt im Vergleich zu selbst gesteckten (!) Mittelfristzielen mit zwei bis drei Jahren Zeithorizont beobachten. Planzahlen entfallen komplett.

Formen relativer Leistungsmessung

Team	Kennzahl	Firma	Kennzahl
Region G	7%	Wettbewerber A	31%
Region E	7%	Wettbewerber E	24%
Region B	6%	Wettbewerber C	20%
Region F	4%	Wir	18%
Region A	3%	Wettbewerber B	13%
Region D	3%	Wettbewerber D	12%
Region C	1%	Wettbewerber G	10%
Region H	0%	Wettbewerber F	8%

**Team-Rankings („Liga-Tabellen")
intern/extern**

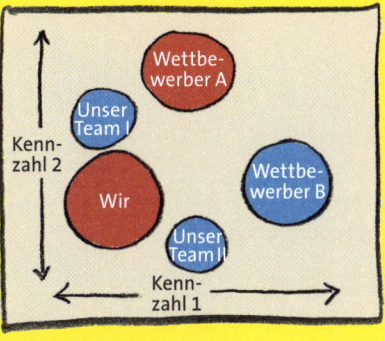

**Blitzlicht mit internen/
externen Benchmarks**

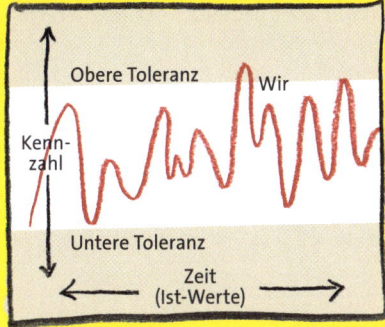

Trendbetrachtung mit Toleranzbereich

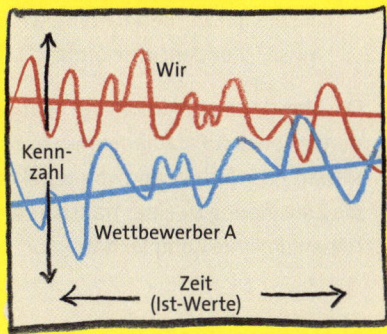

Trendbetrachtung mit Benchmark

- **Weg von der Innenperspektive, hin zum externen Vergleich gegenüber Kollegenteams, externen Wettbewerbern und anderen Benchmarks.**
  Diese Team- und Marktvergleiche können in Form von Rankings oder grafischen Momentdarstellungen aufbereitet sein.

- **Weg vom am Fiskaljahr orientierten Jahresbezug, hin zur marktrelevanten Trendbetrachtung.**
  Also zur Beobachtung längerer Zeitreihen („die letzten 18, 24 oder 36 Monate, rollierend") und Periodenbezug nach Bedarf. „Gleitende" Reports mit stets mitlaufenden Referenzperioden gewinnen so an Bedeutung, Quartals- und Jahresbetrachtungen indes werden ausschließlich zur externen Rechnungslegung genutzt.

- Weg von der finanziellen Detailbetrachtung, von Input- und Prozessvorgaben („Budget", „Zahl der Stunden", „Stückzahl"), hin zu verdichteten Schlüsselindikatoren aller Art („Kosten über Umsatz").
  Sowie hin zur Betrachtung weniger, dafür aber bedeutsamer Teamergebnisse („Kundenzufriedenheit").

Der Umstieg von fixierten auf relative Leistungsverträge erfordert einen mehrdimensionalen Paradigmenwechsel. Er bedeutet die Abkehr von der planbasierten Nabelschau und von bürokratischen Zahlenspielen – und stattdessen die Zuwendung zu einer transparenten, ungeschminkten Sicht auf reale Situationen und ihre Komplexität.

Relative Ziele: Einfach, robust, Selbstorganisation stärkend

Der Übergang von Plan-Ist-Vergleichen zu Team-Ranglisten, Benchmark-Indikatoren und Trendbeobachtungen mittels „Ist-Ist-Vergleichen" ist im Zellstrukturdesign nicht etwa nur eine Option. **Relative Ziele und Leistungsmessung sind ein notwendiges Element bei der Verwirklichung eines Zellstrukturdesigns. Ohne sie ist Selbstorganisation in einer Zellstruktur unmöglich.** Eine Neuformulierung des Reporting kann auf recht vielfältige Weise visuell umgesetzt werden (siehe Abbildungen auf der vorangegangenen Seite).

Berichtswesen, Leistungsmessung, Zielsysteme werden auf diese Weise schlanker, einfacher, verständlicher und günstiger! Relatives Reporting wirft Fragen auf, statt Antworten zu geben. Es eröffnet einen transparenten, einen ungeschminkten Blick auf reale Situationen und ihre Komplexität. **In relativen Leistungsverträgen werden Motivierung und Druck auf individuelle Mitarbeiter durch Herausforderung im Team und Selbstorganisation ersetzt.** Statt das

Verhalten der Mitarbeiter durch monetäre Anreize, Zwang und Verhandlung aktiv beeinflussen zu wollen, legen relative Leistungsverträge das Fundament für konstante Herausforderung in und durch Teams selbst: Teams sind zur Selbststeuerung in der Lage, da sie für eigene Kundenergebnisse verantwortlich sind. Vor allem in der marktnahen Peripherie – aber auch im Zentrum.

Controlling bekommt durch die Verwendung Relativer Ziele einen konsistent marktlichen und marktbezogenen Blickwinkel. Marktbezogene Leistungsmessung führt dazu, dass alle Zellen ihre eigenen Märkte besser kennenlernen und verstehen. Verständnis wird geschult – fundierte, alle Aspekte der Wertschöpfung einbeziehende Entscheidungen werden damit leichter.

{ Die Rolle von Topmanagern in einem System relativer Leistungsmessung: vor allem, die Hände bei sich zu behalten! Denn auf die Messung relativer Leistung folgen Dialog, Auseinandersetzung und Handeln im Team – nicht Urteil durch Chefs. }

Eine Frage der Leistung: Gruppe versus Team

Die kleinste Einheit einer Organisation, in der Leistung entsteht, und deren Leistung man auch messen kann, ist das Team. Einzelne Akteure liefern zwar Leistungsbeiträge – sie selbst „leisten" aber nicht! Anders gesagt: Leistung entsteht im Zwischenraum zwischen Akteuren bzw. Teammitgliedern. Darum sagt man bei dm-drogerie markt: „Jede Leistung ist Miteinander-füreinander-Leisten." Diese Aussagen mögen auf den ersten Blick recht abstrakt erscheinen. Für das Verständnis von Zellstrukturdesign jedoch sind sie essenziell.

Die meisten, ja fast alle heutigen Bereiche und Abteilungen in Organisationen sind keine Teams, sondern Gruppen. Dafür sind zwei strukturelle Gründe ausschlaggebend:

- **Bereiche und Abteilungen sind zu groß.** Ein Team kann nicht mehr als, sagen wir, fünf bis acht Personen umfassen. Die Soziologie lehrt uns, dass Gruppen, die eine bestimmte Größe überschreiten, soziale Dichte einbüßen: konstruktive Gruppendynamik und Verbindlichkeit „zerfallen", Über- und Unterordnungen schleichen sich ein. **Anders ausgedrückt: Teams mit 15 oder 20 Personen gibt es nicht!**

  In einer Zellstruktur wird man Teamgröße aus diesem Grund naturgemäß unter einer Schwelle von acht oder neun Personen halten – sodass Selbststeuerung möglich oder geradezu zwangsläufig ist, sodass Fokus auf gemeinsamer Wertschöpfung im überschaubaren Rahmen liegen kann und

Gruppe

Team

hierarchische Unterschiede Nebensache bleiben. Wächst ein Team über eine Teamgröße von, sagen wir, neun oder zehn Mitgliedern hinaus, wird Zellteilung erforderlich.

- **Bereiche und Ab-teilungen sind mono-funktional angelegt.** Gruppen sind funktional getrennt. Ähnliche Akteure in funktional geteilten Strukturen arbeiten „nebeneinander" – nicht „miteinander-füreinander". Sie agieren „parallel" zueinander, nicht „im Ensemble". Sie können sogar leicht in gegenseitigem Konkurrenzkampf stehen. Die Konsequenz solcher Strukturen sind Siloeffekte, Ressortegoismus, Schnittstelleninefﬁzienz, Verantwortungserosion. Typisch funktional geteilte Gruppen eben.

In einer Zellstruktur dagegen sind Teams multi-funktional angelegt. Sie sind „funktional integriert". Zur Ausübung vielfältiger Funktionen bei nur fünf bis sieben Teammitgliedern bedeutet dies, dass Teammitglieder wie in einem Kleinstunternehmen nicht nur gelegentlich, sondern ständig in unterschiedliche Rollen schlüpfen müssen. Dass sie regelmäßig mit Teamkollegen zusammenarbeiten, oder sich punktuell Rat und Unterstützung von Kolleginnen und Kollegen („Peers") aus anderen Teams holen müssen. Man ist aufeinander angewiesen!

In Komplexität ist ein Höchstmaß an funktionaler Integration anzustreben! Dieses Höchstmaß an funktionaler Integration führt dazu, dass in einem Zellstrukturdesign mono-funktionale Strukturbegriffe wie „Vertrieb", „Key Accounter", „Produktmanager", „Einkauf", „Disponenten", „Entwicklungsbereich", „Abteilung Qualitätswesen" oder „Abteilung Beschwerdemanagement" tendenziell verschwinden. Um nur einige wenige Beispiele zu nennen. Dann bedarf es auch keiner „Bereichsleiter", die sich zu „Jour fixes" treffen.

Der Vorrang der Selbststeuerung

Schwarm, Rotte, Rudel, Haufen – in der Tierwelt sind das nützliche Organisationsmuster. Aus Sicht organisationaler Wertschöpfung sind diese Muster allerdings unterkomplex – also nicht ausreichend robust in Komplexität. Zudem verfügen Menschen über Sprache. Sie sind dadurch zu höher-komplexen Interaktionen fähig als beispielsweise Ameisen oder Zugvögel.

In Wertschöpfung nun bedarf es höher-komplexer Interaktionsmuster, die in Metaphern wie dem Ensemble, der Jazzband oder dem Streichquartett Entsprechungen finden. Nur Teams sind zu robuster Selbststeuerung im Kontext organisationaler Wertschöpfung fähig. Gruppen dagegen bedürfen der Fremdsteuerung und -kontrolle. Sprache schlägt Schwarmintelligenz!

Dabei ist der Begriff der „Selbstorganisation" eigentlich nicht der „richtige" Begriff. **Besser wäre es eigentlich, wir würden beispielsweise von „selbst-regulierten Teams innerhalb sozial dichter Markt-Organisation" sprechen.** Dazu bedarf es:

- Kontrolle durch Transparenz und soziale Dichte.
- Geteilter Prinzipien für gemeinsame Verantwortung.
- Rollenklarheit für die Organisation von Verantwortung.
- Gemeinsamer und relativer Ziele, statt individueller Ziele oder Aufträge.

{ Die kleinste Leistungseinheit der Organisation ist das Team: Leistung entsteht im Zwischenraum zwischen den Akteuren. Nicht „von Menschen", sondern „durch Menschen"! Komplexitätsrobuste Organisationsstruktur stellt darum nicht Menschen in den Mittelpunkt, sondern Teams. }

Die Zelle
in der Zellstruktur

Die kleinste Leistungseinheit einer Wertschöpfungsstruktur ist das Team. Ihren Container bezeichnen wir als „Zelle", die Grenze der Leistungseinheit Zelle als Zellmembran. Wie wir sehen werden, sollten Zellstrukturen stets von außen nach innen gedacht und gestaltet werden – von den Teams der kundennahen Peripherie her.

Organisationale Wertschöpfung ist niemals die Summe von Leistungen einzelner Akteure: Sie ist in den kollektiven, sozialen Prozess des Miteinander-für-einander-Leistens zwischen den Akteuren eingebettet. Individuelle Leistung in Unternehmen ist daher ein Mythos. Nicht mehr, nicht weniger. Anders als eine Abteilung, ein Bereich, ein Silo oder ein Funktionsbereich funktioniert eine Zelle in einer Zellstruktur nicht in Abhängigkeit, getrieben durch Fremdsteuerung. Sie funktioniert vielmehr wie ein hoch-autonomes Mini-Unternehmen , das ein eigenes Geschäft bzw. Business verfolgt. Dabei lässt sich eine Zelle von außen, vom Markt her steuern – nicht von „oben" oder durch „Chefs".

Zellstruktur bedeutet, das Ganze in seine Teile einzubauen. In seine Zellen. Gleiche Funktionen finden sich folglich in verschiedenen, ja sogar in vielen Teams bzw. Zellen wieder. Die einzelne Zelle einer Zellstruktur kann als Mini-Unternehmen im Unternehmen funktionieren, wenn sie mit allen Funktionen ausgestattet ist, die es braucht, um hinreichend autonom (ohne Fremdsteuerung) das eigene Geschäft betreiben zu können. Die Zahl der vorhandenen Rollen in einer einzelnen Zelle kann bei einem Vielfachen der Zahl der Team-

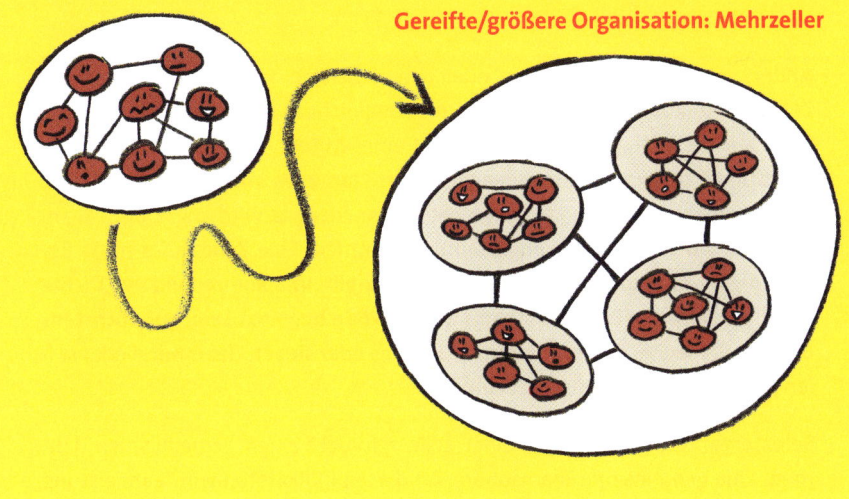

Start-up/Kleinstunternehmen: Einzeller

Gereifte/größere Organisation: Mehrzeller

mitglieder liegen! **Wir nennen das funktionale Integration.** Die traditionelle, tayloristische Logik war, das Ganze aus separaten, mono-funktionalen Teilen zu bauen – dem Prinzip funktionaler Teilung folgend.

Kommunikation zwischen Zellen geschieht auf Augenhöhe. Dafür verfügt eine Organisation in Zellstrukturdesign über menschliche Nahtstellen. Die Geschäftsprozesse spielen sich durch das hohe Maß an funktionaler Integration weitgehend innerhalb einzelner Zellen ab. Im Ergebnis verschwindet zumeist die Notwendigkeit, Prozesse über Schnittstellen hinweg aufwendig zu beschreiben und zu koordinieren, weitgehend – parallel mit dem Verschwinden der Schnittstellen selbst.

Anders als bei einer Abteilung oder einem Bereich agiert im Inneren einer Zelle ein funktional integriertes Team – vergleichbar mit einem Start-up. Die Zelle zeichnet sich durch Arbeit in Form eines Miteinander-Füreinanders aus, nicht durch paralleles Nebeneinander. Klar: Teamwork wird zu oft glorifiziert, der Teambegriff inflationär gebraucht – mancherorts wird sogar alles Team genannt, wo viele Menschen zusammenkommen. **Eine Zelle indes muss Bedingungen für Selbstorganisation, Selbstdisziplin und kommunikative Dichte schaffen. Darum müssen Zellteams in der Größe begrenzt sein, auf höchstens 8 bis 10 Personen. Besser noch auf nur sechs oder sieben.** Teammitglieder sollen „divers" sein, aber „ähnlich kompetent".

Selbstorganisation innerhalb einer Zelle erfordert einen gemeinsamen Rahmen, eine gemeinsame Teamsphäre. An diesen Indikatoren von Teamleistung lässt sich erkennen: In Zellorganisation ist das Gegenteil von „ordentlich" nicht „frei", sondern „diszipliniert". **Ordentlichkeit kann verordnet werden, Disziplin nicht. Sie erfordert Selbstorganisation und Annahme von Verantwortung.** Das kann, das muss in Zellstruktur und innerhalb der Zellteams stattfinden.

Relativ dauerhaft schlägt temporär!

Zellen in einem Zellstrukturdesign kommen prinzipiell in zweierlei Varianten vor: Sie können eher dauerhafter oder absichtsvoll temporärer Natur sein. Eine dauerhafte Zelle, bzw. eine „relativ dauerhafte" kann z.B. ein Laden sein, eine Filiale, ein Büro, eine Region, eine Produktionslinie. Eine temporäre Peripheriezelle entsteht typischerweise rund um ein Projekt, einen Großauftrag, eine Baustelle, ein Gewerk herum. Eine temporäre Zentrumszelle ist regelmäßig eine, die sich für ein Innovationsprojekt formiert. Die einzelne Zelle konstituiert sich hier für ein einzelnes Vorhaben, das vielleicht zwei oder drei, vielleicht sechs Monate dauert – und löst sich dann wieder auf.

Eher kurzfristige, temporäre Zellen sind in Zellstrukturdesign zwar möglich – wünschenswert indes sind sie normalerweise nicht. Denn je kürzer eine Zellkonstellation besteht, desto weniger wahrscheinlich ist es, dass sich ein verbindliches Miteinander innerhalb des Teams entwickeln kann. „Relative Zellstabilität" oder eine Zell-Lebensdauer von mindestens 18 Monaten (normale Fluktuation/ Zu- und Abgänge und normale Marktrisiken mitgedacht!) ist wünschenswert, damit komplexe Teamdynamiken zur Entwicklung unternehmerischer Verantwortung Zeit haben, sich zu entfalten.

{ Der Begriff der Zelle bezeichnet jene Einheiten in einem Zellstrukturdesign, innerhalb derer sich maximale Selbstorganisation eines Teams entfalten kann. }

Von der einzelnen Position zum Rollenportfolio

Rollen sind dort zu finden, wo Stelle und Position versagen und Wertschöpfung beginnt. Jeder Mensch hat viele Rollen in seinem Leben, die er oder sie mehr oder weniger ausfüllt. Im Privaten ist das offensichtlich: jeder ist Kind, viele sind Mutter oder Vater, Schwester, Kumpel, Gefährtin, Vertrauter, Tröster, Ratgeberin, Schlichterin, Hansdampf. Wenn man eine Rolle dieser Art annimmt oder eine ablegt, gehen dem oftmals langwierige Entscheidungs- und Identitätsbildungsprozesse voraus. Es gibt tiefes Wissen darüber, was mit diesen Rollen gemeint ist. Aber es gibt auch so viele Ausgestaltungsmöglichkeiten dieser Rollen, wie es Menschen gibt.

Im Berufsleben passiert das mit den Rollen auf weniger bewusste, weniger reflektierte Weise. Die üblichen Stellenbeschreibungen reduzieren den Menschen auf ein Kästchen – und bilden die eigentliche Wirkung einer Person niemals ab. Ganz im Gegenteil, sie versuchen Menschen in Standards zu pressen. Aber auch hier, in Organisationen, gibt es Hunderte von Rollen: Expertin, Feuerwehr, Organisator, Netzwerkerin, Kummerkasten. Diese Rollen haben zu tun mit: Verhalten, Können, Interaktion, informeller Vernetzung.

In Zellstrukturdesign ist es nötig, dass die Rollen explizit gemacht werden – und nicht nur implizit sind. Der einzelne Akteur besitzt dann ein Rollenportfolio und kann mit seinen Rollen jonglieren.

Wichtig für jede und jeden Einzelnen in einer Zellstruktur: Es ist hier weniger der hierarchische Aufstieg, als vielmehr die aktive Arbeit am eigenen Rollen-

Ein Rollenportfolio

portfolio, die zu höherer Zufriedenheit und Karriere führt. Oder anders: Kein Mensch wird in einer Zellstruktur wegen der Ausfüllung seiner Stellenbeschreibung befördert. Und interessante Rollen, die fliegen einem nicht zu: Interessante Rollen nimmt man sich. Oder man wird in Rollen gedrängt, die sonst keiner haben will!

Rollensettings verändern sich im Laufe des Lebens. Ebenso ist es im Berufsleben: Denn manche Rollen überholen sich, neue kommen hinzu. In einige lässt man sich hineindrängen, andere ergeben sich, „weil der Zufall es so will". Nichtausfüllende Rollen führen zu Unzufriedenheit, bei den richtigen Rollen fühlt man sich ausgefüllt. **Rollen kannst du suchen, entwickeln, dir nehmen. Du musst es aber auch.**

Wo Rollenportfolios zur Kollaboration zusammenkommen

Bei der Entwicklung eines Zellstrukturdesigns stellen sich Fragen wie diese: Welche Rollen hast du gerade jetzt in deiner Organisation inne? Welche Rollen passen zu dir und sollen bleiben („Dauer-Glas")? Welche sollen abgelegt werden („Alt-Glas")? Welche Rollen möchtest du haben, hast du aber heute noch nicht („Wunsch-Glas")?

Stellenbeschreibungen sind reduktionistisch: sie reduzieren gemeinschaftliche Mitverantwortung. Sie können für sich allein stehen. Rollenmodelle dagegen funktionieren nicht ohne sozialen Kontext oder Konstellation. Sie beziehen sich aufeinander. Darum bedeutet Rollenmodellierung immer auch die Verschränkung von Wertschöpfungsstruktur und Informeller Struktur. **Rollen sind persönlich.** Es ist klug, die Organisation um ihre Menschen herum zu bauen – anstatt Menschen in Stellen oder Positionen einzupassen. Wenn Menschen aus einer Konstellation ausscheiden oder neue hinzukommen, dann ordnen Rollen sich neu. Jede personelle Veränderung verändert die Rollenkonstellation – bei drei, vier oder 20 Menschen.

Auf der Teamebene trifft Rolle Funktion. Mit Funktion meinen wir: Was braucht ein Team, damit es leisten kann? Was muss in jedem Fall geleistet werden, damit Wertschöpfung entsteht? In funktional integrierten Teams muss Funktion in Rolle eingebettet sein, jede muss ausgefüllt werden. Die Rolle ist eine Funktion, die am Menschen haftet.

Einstellungen mit dezentralem Peer Recruiting

Zellteams sollen die Rollenkonfiguration innerhalb ihrer Zelle stets selbst erarbeiten und weiterentwickeln. In bestehenden Zellstrukturen wird diese Aufgabe insbesondere dann relevant, wenn eine Anwerbung von außen erfolgt. Aus anderen Zellen oder von außerhalb der Organisation. Das Recruiting eines oder mehrerer neuer Kolleginnen oder Kollegen kann bedeuten, dass sich die Rollenportfolios aller Teammitglieder verändern sollten. Für beide Seiten, Zellteam und Bewerberin/Bewerber, ist vor allem zu klären, ob und wie Passung der neuen Kollegin/des neuen Kollegen zur Organisation bzw. innerhalb der Wertschöpfungsgemeinschaft der Zelle hergestellt werden kann.

Es gilt im „Peer Recruiting", die Einbindung neuer Kolleginnen außerordentlich gründlich vorzubereiten. Wo nötig, ist dazu großer zeitlicher Aufwand gerechtfertigt. Der Löwenanteil dieses Aufwands wird von einer Gruppe möglichst vielfältiger Kolleginnen und Kollegen getragen, die jener Zelle angehören, der die Kandidatin oder der Kandidat angehören soll. Idealerweise führen alle Teammitglieder individuelle Recruitinginterviews. Wobei alle Beteiligten das Recht haben müssen, Kandidatinnen/Kandidaten abzulehnen bzw. aus dem Einstellungsprozess verbindlich auszuschließen. Genau dieses harte Ausschlussprinzip erzeugt im Peer Recruiting einer Zellstruktur gemeinschaftlich getragene Verantwortung: „Neue" werden so mit höchsten kollegialem Engagement und mit voller Überzeugung des gesamten Teams eingebunden.

> { Rollen können nur im eigenen Einflussbereich geklärt und vereinbart werden. Stellen kann man vergeben, Rollen indes werden genommen. }

Von den Rollen des Einzelnen zur Rollenkonstellation

In Arbeit „haftet" Wertschöpfung stets an den Rollen. Hier beginnt die Entstehung von Leistung: in den Rollen einzelner Akteure und in deren Beiträgen zu kollektiver, gemeinsamer Wertschöpfung.

Rollen, die keinen Marktkontakt haben, gehören zum Zentrum, alle Rollen mit Marktkontakt zur Peripherie. In einer Zellstruktur gibt es Menschen, die jeweils ausschließlich mit Zentrumsaufgaben beschäftigt sind, oder nur mit Rollen in der Peripherie. Für andere gilt: sowohl als auch! Wer beispielsweise mit Kunden verhandelt, erzeugt Leistungsbeiträge in der Peripherie, wer einen Auszubildenden betreut oder den Jahresabschluss macht, übernimmt eine Zentrumsaufgabe. Wer mit anderen zusammen Innovation betreibt, ist Zentrum (es gibt hier ja noch keinen Kunden). Aber obacht: Wer mit wem wertschöpft, das hat nichts mit Jobtiteln, Abteilungen oder Standorten zu tun!

Jede Person in einer Zellstruktur hat normalerweise mehrere Rollen. Vielleicht drei, vielleicht acht, vielleicht 20. Zum Design einer Zellstruktur ist jedoch bedeutsam, dass die allermeisten einzelnen Akteure zunächst nur eine einzige „Zellheimat" bekommen.

Prinzipien für Teamkonstellationen in der Zellstruktur

Einen gemeinsamen Auftrag zu haben führt allein nicht dazu, dass Teams gut funktionieren. In den meisten Organisationen wird viel über Teams gespro-

Eine Rollenkonstellation ist mehr und anders als die Summe der Akteure.

chen, es mangelt jedoch an geteiltem Wissen darüber, was Teams brauchen, um erfolgreich sein zu können. Teamkomposition ist weit mehr, als kluge Menschen auszuwählen, die sich dann irgendwie zusammenfinden und vielleicht zusammenarbeiten werden. Ganz andere Faktoren als individuelle Intelligenz und Fähigkeit sind kritisch für wirksame Teamleistung:

1. **Mitglieder bringen „diverse" Erfahrungshintergründe mit.**
    Wissen und Können bei der Zusammenstellung zu berücksichtigen reicht nicht – auch die unterschiedlichen Erfahrungen der Teammitglieder haben Einfluss auf die praktische Arbeit. Das Gegenteil ist, wenn alle aus dem gleichen Bereich kommen, ewig in der gleichen Fabrik gearbeitet haben.

2. **Es gibt keine Stars im Team.**
   Ein bekannter Irrtum besagt, „Stars" zögen „die anderen" mit. Sobald
   jedoch einzelne Teammitglieder den anderen signifikant überlegen sind,
   ergeben sich Unwuchten in Kommunikation und Interaktion. Zumeist
   fühlt sich dann ein Teil des Teams an den Rand gestellt und kaum in der
   Lage, mitzuwirken. Nur gemeinsame Arbeit auf Augenhöhe im gesamten
   Team fördert die Leistungsfähigkeit.

3. **Innerhalb des Teams spielt Hierarchie keine Rolle.**
   Über- und Unterordnungen durch Formelle Struktur oder reale Machtpo-
   sitionen reduzieren die Interaktionen – Leistungsfähigkeit sinkt. „Projekt-
   leiter" sind darum eine schlechte Idee.

4. **Das Team als Ganzes hat Freiraum, gemeinsam Entscheidungen zu
   treffen.**
   Mitverantwortung hebt die Qualität der Beiträge. Innerhalb von Teams
   sind „Entscheider qua Position" damit nicht vereinbar.

5. **Teammitglieder haben Gelegenheit, sich von Angesicht
   zu Angesicht zu begegnen.**
   Kommunikation, die ausschließlich über E-Mail, Telefon oder Intranet
   läuft, reicht für echte Zusammenarbeit nicht aus. Das rein virtuelle Team
   wird kaum zum Hochleistungsteam werden.

6. **Vielfältige informelle Kopplung der Teammitglieder
   an das „Außen" ist gegeben.**
   Anregung durch andere Akteure und Zellen sichert, dass relevante Impul-
   se und Ideen für die eigene Arbeit beschafft werden.

In Zellstrukturen lernen Zellmitglieder„ sich in kurzer Zeit in recht überschaubaren Konstellationen aufeinander einzuschwingen bzw. „in Resonanz zu

kommen". Konstellationsgünstiges Verhalten wird zu einer notwendigen, aber auch natürlichen Kompetenz von Akteuren. Monatelange „Teambildungsprozesse" (in Wirklichkeit: Gruppenbildungsprozesse), wie in Alpha-Organisationen üblich, entfallen.

Ein paar Worte über Zellteilung

Wenn ein einzelnes Team innerhalb einer Zelle aus nicht mehr als fünf bis acht Personen bestehen soll, dann muss spätestens bei einer Teamgröße von neun oder zehn Personen der Prozess der Zellteilung einsetzen. Das Zellteam selbst ist dann gefordert, die Teilung des eigenen, recht großen Teams in zwei neue, relativ kleine Teams konzeptionell zu durchdenken, einzuleiten und eigenverantwortlich durchzuführen.

Natürlich kann dabei auf Könnerschaft von Akteuren aus anderen Teams zugegriffen werden! Mitunter wird es ebenfalls sinnvoll sein, dass Zellen, die sich in Zellteilung befinden, Akteure aus anderen Zellen in ihre neuen Zellen mit einbeziehen und „anwerben". Oder dass sich andere Zellen im Zuge der vor sich gehenden Zellteilung ebenfalls neu konfigurieren: Jede Zellteilung ist eine gute Gelegenheit für „Nachbars- und Kollegenzellen", ihre Aufstellung ebenfalls zu überdenken und selbstorganisiert zu modifizieren.

{ Zellbildung bzw. das „Sich-Finden" von Teamkonstellationen ist ein komplexes Problem: Könnerschaft, Interaktionsqualität, persönliche Erfahrungen und Verbindlichkeit sind wichtige Zutaten! }

Teil 3

Zellstrukturdesign: So geht's!

(Wie Wertschöpfungsstruktur ans Licht gelangt.)

Peripherie zuerst! Das Design dezentraler Businesszellen

Zellstrukturdesign lässt sich nur vom Markt her – also von außen nach innen entwickeln. Dabei beginnt man mit der Frage: „Welche Funktionen, die ansonsten möglicherweise auf Funktionsbereiche aufgeteilt und voneinander separiert sind, sollten in einer oder mehreren Peripheriezellen integriert sein, damit dort ein Business weitgehend eigenständig bearbeitet werden kann?" Peripheriezellen sollen:

- **So entscheidungsautonom wie möglich sein** – damit sie „als Unternehmen im Unternehmen" agieren und für ihr jeweiliges Geschäft ganzheitlich verantwortlich zeichnen können.

- **Nie weniger als vier Personen umfassen. Aus Sicht von Gruppendynamik „gute" Teamgrößen liegen bei fünf bis acht Personen.** Darüber hinaus wird es bereits schwierig: Soziale Dichte nimmt bei Teams von neun oder mehr Personen zumeist sehr schnell ab. Die Teammitglieder übernehmen eine funktionsübergreifende Vielfalt von Rollen.

- **Ihre Ergebnisse und Leistung selbst messen.**

Konkrete Konzepte bzw. Designprinzipien, die speziell bei der Entwicklung des Designs der Peripheriezellen von Nutzen sein können – angelehnt an eine Liste, die bei einem unserer Kunden vereinbart wurde:

- „Wir denken von außen, vom Markt her, nach innen."
- „Eine Peripheriezelle muss all das können, was sie können muss."

Die Organisation von außen nach innen zu designen heißt, sie von den Businesszellen der Peripherie her zu denken.

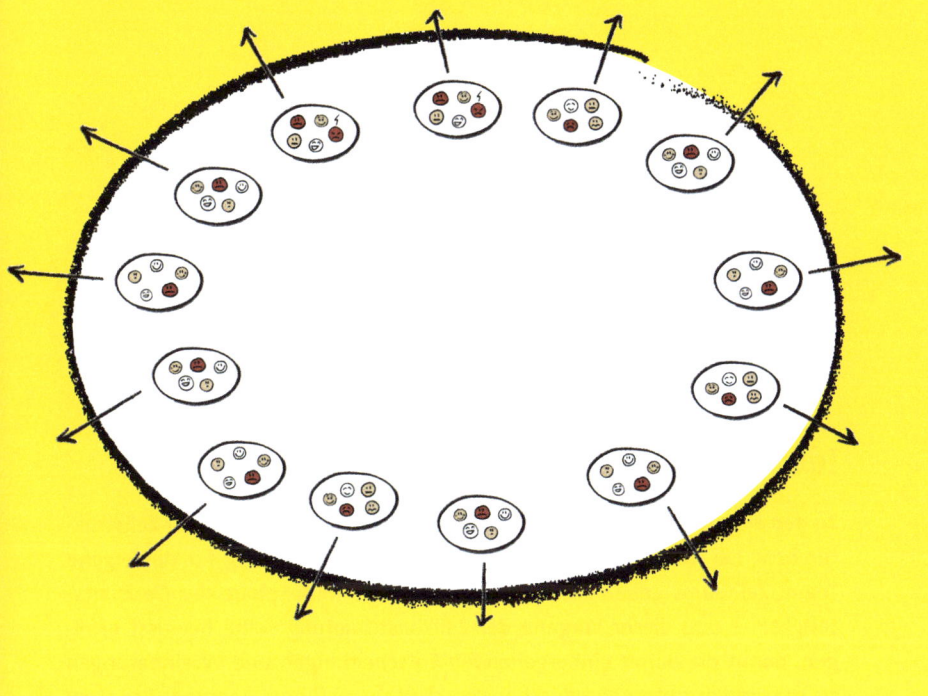

- „Jede Zelle umfasst idealerweise fünf bis sieben Personen. Gegebenenfalls acht."

- „Jeder von uns sollte so etwas wie eine ‚Heimatzelle' haben."

- „Eine Zelle soll wie eine Mini-Firma/ein Mini-Unternehmen funktionieren."

- „Eine Peripheriezelle erbringt abrechnungsfähige Leistung, die sie externen Kunden in Rechnung stellt."

- „In jeder Peripheriezelle werden (naturgemäß) die Funktionen Vertrieb und XYZ ausgeführt."

- „Jede Peripheriezelle hat einen externen Markt und mindestens einen externen Kunden."

- „Jede Peripheriezelle muss mittelfristig Gewinn bzw. Marge erwirtschaften."
- „Wir denken zunächst in Funktionen und Rollen, nicht in Köpfen!"
- „Dass Zellen einander helfen, miteinander reden und Vereinbarungen miteinander schließen, ist normal."

Identitätsarbeit für Peripheriezellen

Zu den ersten Aufgaben eines jeden Teams bei der Entstehung einer Zellstruktur bzw. bei der Zellbildung gehört die Identitätsschärfung für das eigene Team. Zellteams geben sich unvermeidlich eine Mini-Sphäre der Geschäftstätigkeit – und dieser Vorgang der Zellkonstituierung sollte bewusst erfolgen, damit die damit einhergehenden Entscheidungen und Vereinbarungen zu maximaler unternehmerischer Verantwortung führen könnten. Bei einer Organisationsgröße von mehr als, sagen wir, 20 bis 30 Personen sollten Zellidentitäten stets verschriftlicht werden. Diese Aktualisierung der Identitätsbeschreibungen sollte mindestens einmal jährlich erfolgen (siehe hierzu im Buch „Komplexithoden" das Werkzeug „Vorbereitungs-Räder").

Zu den Identitätselementen einer Peripheriezelle gehören:

- Der Name der Zelle
- Die Benennung der Teammitglieder
- Die Definition des Geschäfts:
  Kunden/Kundenmarkt, Produkte, Geografien, Projekte, Ist-Umsätze
- Funktionen, Rollen, Aufgaben innerhalb der Zelle
- Wie wollen wir unsere Leistung messen?
- Wie wollen wir unser Geschäft weiterentwickeln?

- Was müssen wir lernen?
- Was brauchen wir vom Zentrum?
- Was brauchen wir sonst noch?

Diese Identitätselemente können z.b. auf einheitlichen, großformatigen Arbeitsblättern dokumentiert werden, die als Element der Zellstrukturentwicklung in einer internen Ausstellung gezeigt werden. Auf alle Fälle sollten die Identitätselemente so erfasst und geteilt werden, dass es möglich ist, sie immer wieder heranzuziehen.

{ In der Zellstrukturdesign-Arbeit mit Kunden beobachten wir häufig: Den in funktionaler Teilung Geübten erscheint die Idee unternehmerisch tätiger, funktional integrierter Peripheriezellen zunächst wie „die Quadratur des Kreises". Zellstruktur ist konsequent. }

Relative Leistungsmessung für Peripheriezellen

Der wohl wichtigste Unterschied zwischen Peripherie- und Zentrumszellen im Zellstrukturdesign ist wohl dieser: Peripheriezellen sollen Marge oder „Gewinn" erzeugen. Zentrumszellen nicht. Ausnahmen von diesem Prinzip sind natürlich Not-for-Profit- und Verwaltungsorganisationen. Doch selbst hier gilt: Peripherie ist dort, wo das Geld hereinkommt!

Peripheriezellen in einer Zellstruktur haben den Auftrag, ein wohldefiniertes Business möglichst selbstständig zu bearbeiten. Die wirtschaftlichen Ergebnisse dieses Geschäfts müssen gemessen werden, damit Zellteams unternehmerisch handeln können. Andere, nicht-finanzielle Indikatoren, z.B. „relative Kundenzufriedenheit", sollten ebenfalls gemessen werden. Jedoch kommt finanziellen Indikatoren im Zellstrukturdesign eine besondere Bedeutung zu: Sie sind vergleichsweise leicht und durchgängig erfassbar. Jede Peripheriezelle hat hier Einkommen und erzeugt Marktleistung, jede Peripheriezelle empfängt Leistungen des Zentrums.

Im Vergleich dazu können Ab-teilungen in funktional geteilter Organisation keine ganzheitlichen Ergebnisse erbringen: Sie erledigen ja lediglich funktionale Teilleistungen innerhalb eines Business – „Vertrieb" beispielsweise. So geschnittene Bereiche erzeugen also nie vollständige Kundenergebnisse, auch wenn sie oft „Profitcenter" genannt werden. **Eine Peripheriezelle indes kann und soll vollständige Kundenergebnisse realisieren: Sie hat das Mandat, ganzheitliche Leistung für einen externen Markt zu erbringen.** Es bedarf nicht der

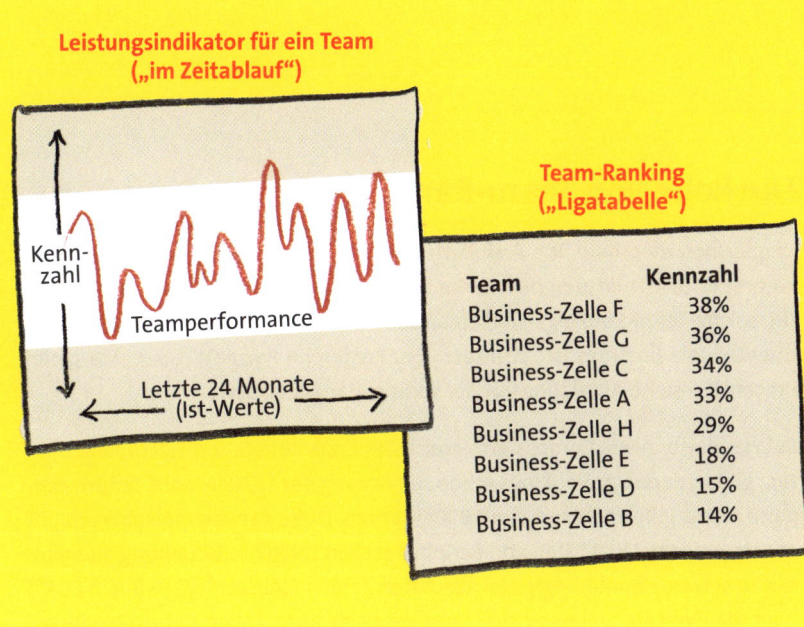

Leistungsindikator für ein Team ("im Zeitablauf")

Kenn-zahl

Teamperformance

Letzte 24 Monate (Ist-Werte)

Team-Ranking ("Ligatabelle")

Team	Kennzahl
Business-Zelle F	38%
Business-Zelle G	36%
Business-Zelle C	34%
Business-Zelle A	33%
Business-Zelle H	29%
Business-Zelle E	18%
Business-Zelle D	15%
Business-Zelle B	14%

Steuerung mittels funktionaler Indikatoren wie Quote, Produktabsatz, Produktmarge, -mix, Ladenumsatz pro Quadratmeter oder Lagerumschlag – auf diese Indikatoren sollte verzichtet werden!

Stattdessen ist es möglich, die Leistung einer Zelle anhand von Ergebnisindikatoren wie Kosten/Umsatz-Ratio, Profitabilität, Kundengewinnung, -rentabilität oder -zufriedenheit zu beschreiben. **Diese ergebnisbezogenen Leistungsmaße helfen Zellteams, sich selbst einzuschätzen und eigene Arbeit fortwährend zu verbessern.** Relative Leistungsmessung sollte sich vorrangig auf Ergebnismaße konzentrieren: Wollen wir relative Leistungsfähigkeit fortwährend verbessern, dann gilt es, die Realität der Ergebnisse der Gesamtorganisation wie auch aller Teams nie aus dem Auge zu verlieren.

Die Rolle von Team-Rankings für die Peripherie

Vergleichen innerhalb von Peripheriezellen-Rankings oder Team-Ligatabellen kommt in Zellstrukturen besondere Bedeutung zu. Außerordentlich geeignet für solche Team-Rankings sind finanzielle Leistungsindikatoren wie „Kosten über Umsatz (in Prozent)", „Umsatz über Kosten (in Prozent)" oder „Marge (in Prozent)" – siehe Abbildung auf der vorangegangenen Seite.

Bei Handelsbanken, Europas erfolgreichster Bank bereits seit vielen Jahrzehnten, gibt es derartige Rankings schon seit Anfang der 1970er-Jahre, bei dm-drogerie markt gibt es sie seit den 1990er-Jahren. Diese Art von Indikator erlaubt es, wesentliche Qualitäten von Peripheriezellen relativ in Beziehung zueinander zu setzen – unabhängig von absoluten Zahlen („Absatz", „Gewinn in EUR") oder Planwerten. So lassen sich beispielsweise auch Zellen unterschiedlicher Umsatzstärke problemlos miteinander vergleichen.

Relative Leistungsmessung in Form von Teamvergleichen dient vorrangig der Erzeugung von Einsicht in Teams. Außerdem sollen „Peer Pressure" oder Gruppendruck mittelbar Dialog, Lernen und Verbesserung befeuern – nicht jedoch Wettbewerb oder Konkurrenz zwischen Zellen! Im Gegenteil: Es ist in einer Zellstruktur wesentlich, dass die Lust am Miteinander-Voneinander-Lernen im Team und zwischen Teams durch nichts behindert oder gebremst wird. Es ist somit entscheidend, dass an Team-Leistungsindikatoren weder Anreize gekoppelt werden, noch Lob, Belohnung oder Strafe.

Es geht bei Relativer Leistungsmessung nicht um „Druck auf Zellen", sondern um „soziale Dichte in und zwischen Zellen". Die wichtigste und höchste Verantwortung von Managern im Umgang mit Team-Rankings besteht darin, die Hände „schön bei sich zu behalten" – die Sensibilität für Dringlichkeit in der Peripherie mithin niemals zu behindern!

Natürlich spielt die Leistungsmessung im Zeitablauf für Peripheriezellen eben-falls eine Rolle. Peripherieteams profitieren von Mittelfristbetrachtungen über die jeweils letzten 18, 24 oder 36 Monate hinweg (siehe Abbildung auf der vorangegangenen Doppelseite). Neben Standardindikatoren aus dem finanziellen Reporting sollten Peripherieteams nach Bedarf eigene Indikatoren festlegen, messen und verfolgen. Auch die eigene Leistungsmessung zu verbessern ist Teil von Selbststeuerung, Teamautonomie und -lernen!

{ Relative Leistungsmessung lehrt Peripherieteams unternehmerisch umsichtiges Handeln. }

Zentrum folgt! Das Design zentraler Supportzellen

Aufgabe von Zentrumszellen ist die Versorgung von Peripheriezellen mit jenen Leistungen, die sie nicht selbst erbringen können und die sie nicht am externen Markt einkaufen wollen. Ihre Rolle ist, der Peripherie zu dienen – nicht, sie zu beherrschen. Ausschlaggebend dazu, dass das klappt: Zentrumszellen dürfen keine Steuerungsmacht entfalten! Sie dürfen weder Entscheidungsmacht über Peripheriezellen besitzen, noch über Ressourcenmacht in Form von Budgets verfügen. Auch darf das Zentrum weder als Koordinator, noch als Kontrolleur agieren.

Soll Dezentralisierung wirksam werden, müssen Zentrumszellen als zentrale Dienstleister den Peripheriezellen ihre Leistungen nach realer Inanspruchnahme verrechnen. Nur so entsteht ein interner Markt. Dazu ist zwar die Definition von Leistungen und internen Preisen erforderlich – die Fixierung von Abnahmemengen für die Peripherie muss jedoch verhindert werden. Einige Pionierunternehmen, wie Handelsbanken, dm-drogerie markt und Morning Star, betreiben genau solche internen Märkte bereits seit Langem. Der Vorteil: Wenn die Peripherie über Entscheidungs- und Ressourcenhoheit verfügt und am Zentrum zieht, wird Verschwendung stetig ausgetrieben!

Die von Zentrumszellen angebotenen, zentralen Dienstleistungen für die Peripherie können in verschiedene Kategorien fallen:

- **Compliance-relevante Leistungen:** z.B. Vorstand/Geschäftsführung, Buchhaltung und Rechnungslegung, Zertifizierungen.

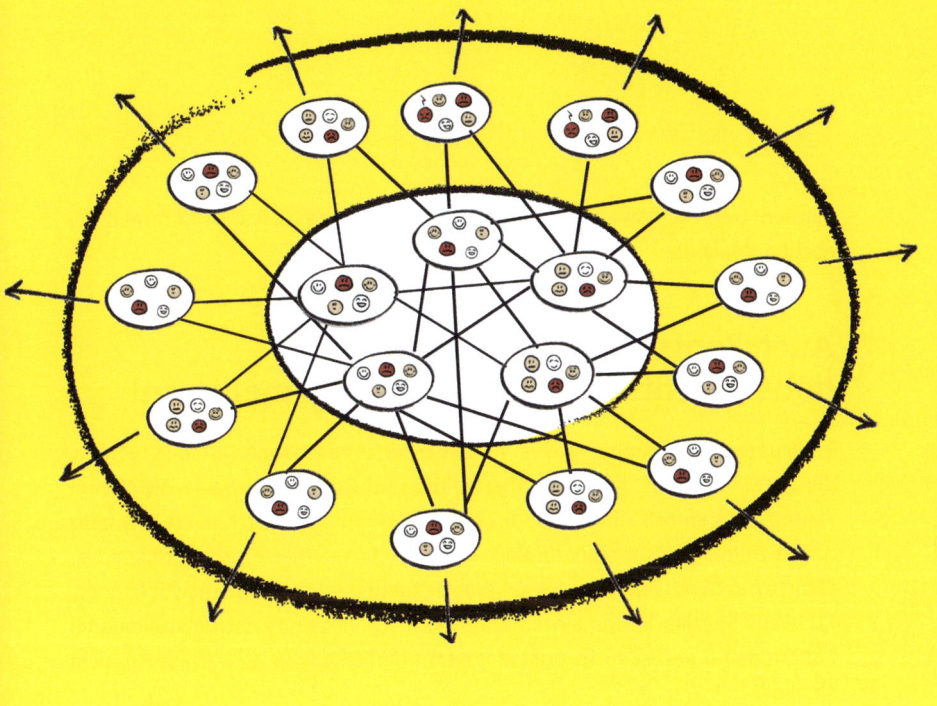

- **Administrative Leistungen:** z.B. Empfang, Gebäudedienstleistungen, Treasury, Personaladministration, juristische Dienste.

- **Informationsversorgung:** z.B. Berichtswesen, Controlling, Systemadministration (IT).

- **„Seltene" Experten-Leistungen,** die dezentral nicht vorgehalten werden können.

Es bedarf nicht unbedingt einer einzelnen Zelle für jede der hier genannten Kategorien oder Unterkategorien! **Denn ebenso wie Peripheriezellen sollten Zentrumszellen unbedingt „funktional integriert" angelegt sein.** Schon allein, um ihren Teammitgliedern vielfältige Funktionen, Aufgaben, Rollen bieten zu können! Denn Langeweile und Aufgabenmonotonie sind Feinde unternehmerischen Denkens.

Auch Zentrumszellen haben nichts mit Ab-teilungen gemeinsam!

Zentrumsrollen können selbstverständlich auch von Personen erledigt werden, die „im Hauptberuf" in der Peripherie tätig sind: So kann Michaela, die in ihrer Hauptrolle in einer Businesszelle der Peripherie Kundenprojekte bearbeitet, ganz natürlich in einer Nebenrolle die Rolle Treasury („Schatzmeisterin") ausfüllen. Natürlich muss Michaela dazu wissen, was sie tut und sie muss auch etwas können. Fachliche Spezialisierung einzelner Akteure auf einzelne Zentrumsrollen oder Funktionen indes ist nicht unbedingt erforderlich sowie teilweise auch nicht sinnvoll.

Im Zellstrukturdesign sollten Zentrumsrollen auch sprachlich nicht den Eindruck erwecken, als würden sie machtvoll sein. Wir haben Geschäftsführer kennengelernt, die sich selbst Titel wie „Hausmeister Deluxe" gegeben haben, um dem bewussten Verzicht auf zentrale Steuerung Ausdruck zu verleihen – und ihre Rolle als Dienstleister für die Peripherie zu unterstreichen. Die Wahl solcher Titel ist eine gute Idee, um die mit Dezentralisierung einhergehenden Musterbrüche mental zu verankern. Jos de Blok von Buurtzorg erklärt, seine Hauptaufgabe als CEO sei es, tolle Parties für alle Mitarbeiterinnen und Mitarbeiter zu organisieren. Das bedeutet in der Übersetzung: Er mischt sich niemals in die Arbeit der Peripherie ein.

In kleineren Organisationen kann es übrigens ausreichen, interne Leistungen in einem, zwei oder drei kleinen „Läden" oder „internen Supermärkten" zusammenzufassen. Ein Modell mit zwei Zentrums-„Shops", auf das wir bei einem

Kundenunternehmen mit rund 150 Mitarbeitern gestoßen sind, sah beispielsweise folgendermaßen aus:

- **Eine Zelle „Info Shop".**
  Mit einem Team, das alle Leistungen rund um die unternehmerische Informationsversorgung erbringt – von Finanzaufgaben bis hin zur IT.

- **Eine Zelle „Org Shop":**
  Mit einem Team, das alle zentralen Organisationsleistungen an die Peripherie erbringt – vom Gärtner über das Juristische bis hin zur Geschäfts-
  führer- oder CEO-Rolle.

Varianten des Info Shop-/Org Shop-Konzepts können auch für große Unternehmen von Bedeutung sein.

{ In Zellstrukturdesign ist das Zentrum wichtig.
Aber nicht machtvoll. }

Die betriebswirtschaftliche Kopplung von Zentrum & Peripherie

Märkte kommen ohne Minimierung, Maximierung oder Optimierung aus – sie funktionieren durch Ja oder Nein: Gehe ich eine Vereinbarung ein oder unterlasse ich es. Zahle ich die Rechnung oder zahle ich sie nicht. Diese einfache, marktliche Form der Koordination machen wir uns im Zellstrukturdesign zunutze. Sie verleiht Peripheriezellen maximale Autonomie. Jede Form zentraler Zuweisung und Koordination würde diese direkte Tuchfühlung behindern oder gar verhindern. In Abwesenheit zentraler Steuerung dagegen kann der unternehmerische Impuls von Teams in der Peripherie zum Tragen kommen. Und mit ihm die Bemühung in allen Zellen des Zentrums, möglichst gute Leistungen zu möglichst niedrigen Preisen weitergeben zu können.

Dezentral organisiertes Zusammenwirken im gesamten Unternehmen wird erst dann möglich, wenn die oder der Einzelne aus eigener Einsicht heraus handeln kann. Ein in diesem Sinne wirksames Instrumentarium muss jedem Organisationsmitglied verständlich aufzeigen, wie aus den Bemühungen Einzelner Teamleistung und letztlich Unternehmensleistung entsteht. Das aber gelingt nur, wenn Peripherieteams über Leistungen aus dem Zentrum entscheiden. Und sich dieser Nachfrageentscheidungen auch bewusst sind.

Über interne Märkte

Interne Märkte sind keine echten Märkte. Sie sind bloß „marktähnlich" oder „marktlich". Jede Zelle des Zentrums und der Peripherie wird als ein eigenes

**Auf die Qualität der Kopplungen
zwischen Peripherie und Zentrum kommt es an.**

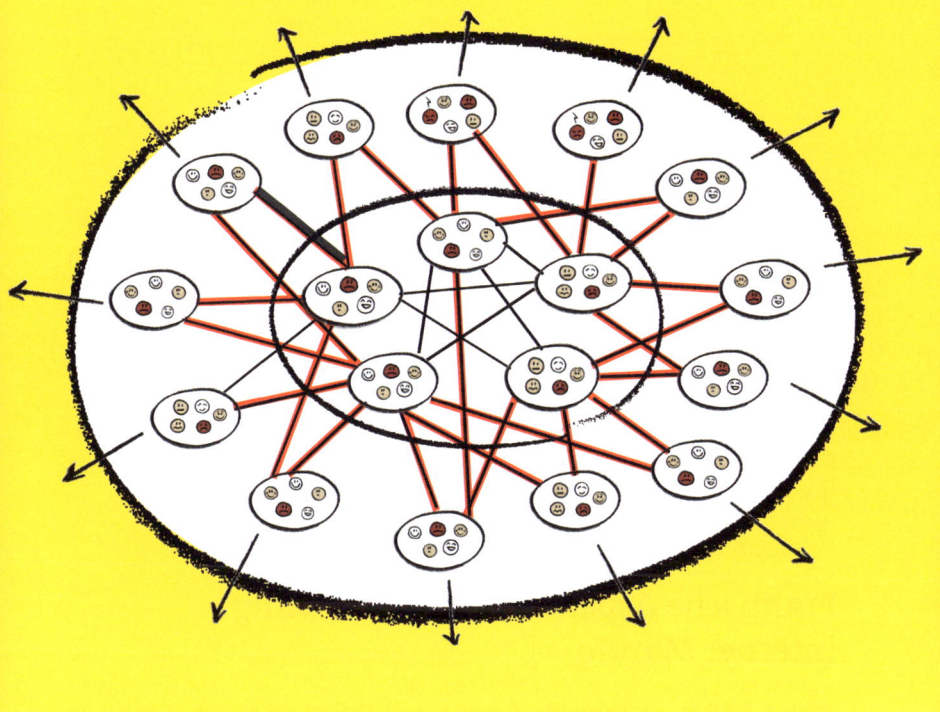

„virtuelles Mini-Unternehmen" in der Gesamtorganisation, als eine quasi-selbstständige Einheit eines größeren Kollektivs aufgefasst. Dezentrale Zellen sind voll verantwortlich für die eigene Ressourcennutzung: Autorität über Finanzmittel liegt nicht etwa beim Zentrum oder bei Finanzern.

Gewinn verbleibt in der Peripherie. Das bedeutet auch: Zentrale Zellen können nicht über ein zentral zugewiesenes oder verhandeltes Budget verfügen. Wo immer möglich, steht es Peripheriezellen offen, Leistungen intern oder vom Zentrum oder auch vom externen Markt zu beziehen. Zellen haben vollen Einblick in ihre eigenen Finanzdaten und in das Zahlenwerk anderer Teams. Auf Kennzahlen bezogene Vergleichsdaten sind für alle Teams verfügbar. Gleichzeitig. Und in identischer Form.

Statt hierarchisch darüber zu verhandeln, wie viel etwas kosten darf, was künftig nötig sein könnte und was gute Arbeit ist, entsteht so ein Dialog zwischen
Zentrum und Peripherie der Organisation über reale Bedürfnisse. Eventuell nötige Änderungen an Leistungen oder Preisen müssen nicht durch hierarchische
Autorität oder Neuplanung gelöst, sondern können dezentral und im Gespräch
zwischen Lieferant und Kunde angegangen werden – gegebenenfalls unterstützt von betriebswirtschaftlich trittsicheren Moderatoren aus dem „Info-
Shop". Koordination und Vorbereitung erfolgen sozusagen „automatisch" und
„kontinuierlich".

Praktische Aspekte bei der Schaffung interner Märkte

**Interne Märkte, zellbezogene Gewinn- und Verlustrechnungen, „Relatives
Reporting", sowie die auf den folgenden beiden Seiten näher beschriebene
Wertschöpfungsrechnungen lassen sich problemlos mit marktüblichen Trans-
aktions- oder ERP-Systemen abbilden.** Mehr noch: Diese Verfahren aus dem
Zellstrukturdesign sind deutlich einfacher, übersichtlicher, wartungsfreund-
licher und damit günstiger zu betreiben als die üblichen Planungs-, Umlage-
und Kostenrechnungssysteme, derer sich Finanz- und Controllingbereiche tra-
ditionell bedienen.

An der Nahtstelle von IT und Buchhaltung/Rechnungslegung gilt: **Für interne
Märkte und Transparenz innerhalb eines Zellstrukturdesigns müssen Monats-
und Jahresabschlüsse schnell, am besten sogar sehr schnell sein. Die dazu pas-
sende Methode im Finanzwesen nennt sich „Fast Close":** Man könnte das auch
als „Time-boxed-Rechnungslegung" bezeichnen. Mit Fast Close ist ein Monats-
abschluss z.B. zuverlässig „jeweils am 2. Arbeitstag des Folgemonats" fertig.

Der Jahresabschluss „immer am 10. Arbeitstag des Folgejahrs". Time-boxing macht´s möglich! Diese Vorgehensweise erfordert von Buchhaltern, Finanzern und ITlern viel Disziplin. Für „offene Bücher" und Transparenz des Zahlenwerks von Peripherie und Zentrum ist diese Vorgehensweise jedoch unumgänglich.

{ Wer glaubt schon noch an „funktionierende Planwirtschaft"? }

Nahtstellenvereinbarungen für den Wertschöpfungsfluss zwischen Zellen

Die Nahtstelle ist das Gegenstück zur Schnittstelle. Eine Schnittstelle kann nur durch Steuerung Dritter überbrückt werden. Eine Nahtstelle dagegen ermöglicht Selbststeuerung – mittels direkter Vereinbarung, die zwischen den beteiligten Parteien geschlossen wird.

Begriff und Konzept der Nahtstelle gehen auf den brillanten österreichischen Berater Ernst Weichselbaum und sein „Weichselbaum-System" zurück. Nahtstellen sind Übergabepunkte zwischen Zellen oder zwischen Zellen und externen Akteuren. In Nahtstellenorganisation regelt nicht der steuernde Eingriff von Führungskräften den Wertschöpfungsfluss, sondern dies tun jene Nahtstellenvereinbarungen, die entweder mit Kunden, oder von den betreffenden Zellen direkt untereinander und miteinander geschossen werden.

Nahtstellen bestehen aus Kommunikation. Sie sind komplex und lebendig – und darum robuster als Regeln oder Prozesse. Eine Nahtstellenvereinbarung legt fest, was „fehlerfreie" Leistung der einen Partei für die andere ist. Dann können sich beide Zellen, interner Lieferant und interner Kunde, daranhalten. **So wird ermöglicht, dass das Tagesgeschäft ohne steuernde Eingriffe durch Manager vonstatten gehen kann.** Das Tagesgeschäft wird führungskräftefrei. Ernst Weichselbaum erklärt die Wirkung dieser Vereinbarungen so: „Wenn ein Team an der Nahtstelle an ein anderes Team übergibt, dann entsteht auf beiden Seiten emotionaler Mehrwert: Die Abnahme von Leistung an der Nahtstelle bedeutet das Ausstellen eines Zeugnisses für das liefernde Team. Und das

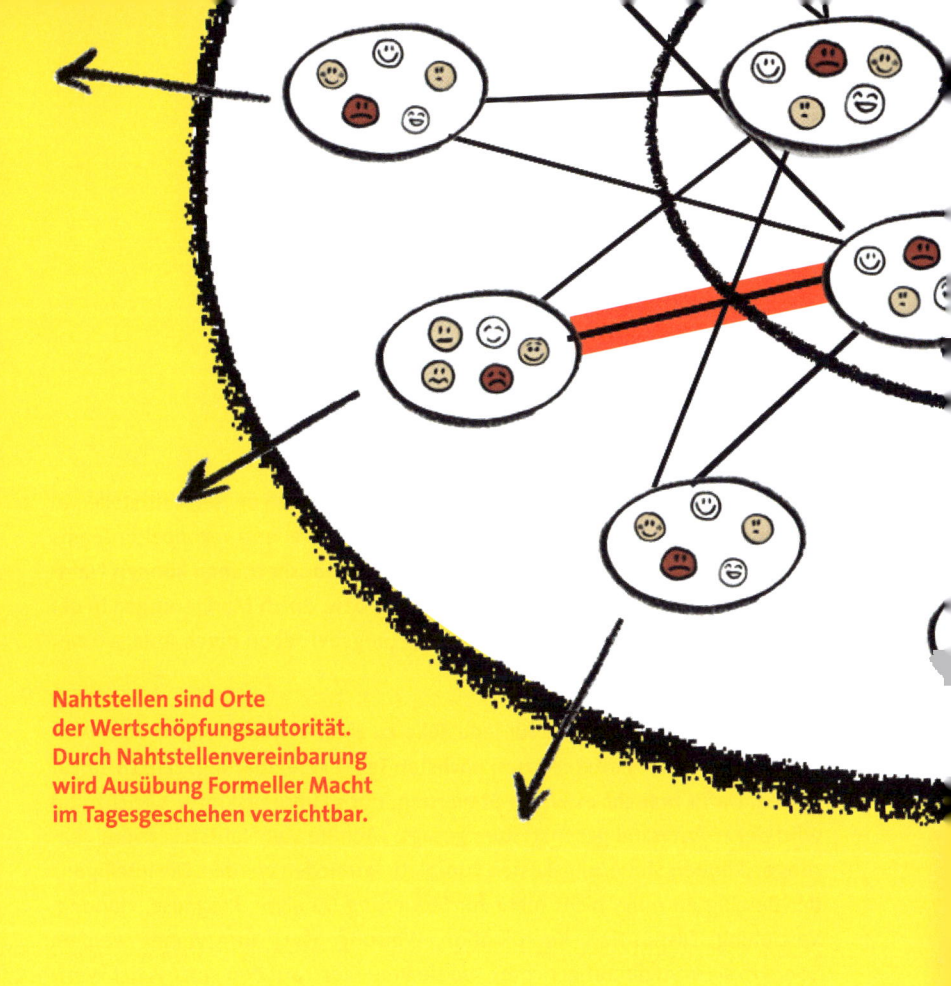

Nahtstellen sind Orte der Wertschöpfungsautorität. Durch Nahtstellenvereinbarung wird Ausübung Formeller Macht im Tagesgeschehen verzichtbar.

beziehende Team empfindet den Sinn der Nahtstelle, weil sich die Lieferanten daranhalten. Die Autorität geht vom Inhalt der Nahtstellenvereinbarung aus, nicht von Führungskraft."

Nahtstellenvereinbarungen erzeugen Laufruhe

Präzise, schriftlich niedergelegte Nahtstellenvereinbarungen sind also die Bedingung für störungsfreien Wertschöpfungsfluss zwischen Zellen im Rahmen des Tagesgeschäfts. Die schriftliche Vereinbarung wird in einem Dokument niedergelegt, das einem Vertrag ähnelt. Die Nahtstelle legt den Charakter der Leistung, aber auch die Örtlichkeit von Übergabe/Übergang, sowie feste Termine und Uhrzeiten fest. Z.B. kann eine tägliche Übergabe an der Nahtstelle genau um jeweils 11.00 Uhr stattfinden. Mehrere solcher eng gekoppelter Teams bilden dann eine Terminereigniskette. **In Produktionsbetrieben können Nahtstellen auch durch räumliche Kennzeichnung bzw. durch Markierungen in der Fabrik dokumentiert werden.** In Dienstleistungsbetrieben durch Ablage- oder Übermittlungsvereinbarungen.

In einer Zellstruktur wird es für jede Zelle zu einer verpflichtenden Selbstverständlichkeit, die Nahtstelle zum nächsten Team vereinbarungsgemäß einzuhalten. Dafür braucht es weder Steuerung, noch Führungskräfte. Gleichzeitig wird der IT-Aufwand gesenkt. Kurz gesagt: Mithilfe von Nahtstellenvereinbarungen können Steuerungskosten komplett vermieden werden. Die Intelligenz der Beteiligten muss nicht mehr für Steuerung (Analyse, Prognose, Planung, Verzielung, Disposition, Koordination, Weisung usw.) aufgewandt werden. Sondern sie wird darauf gerichtet, wo sie hingehört: auf den Prozess der Wertschöpfung.

Dadurch, dass die Nahtstellen stabil und verlässlich gemacht werden – dass also Inputs und Outputs und deren Qualitäten an der Nahtstelle festgelegt sind –, wird Zellen in einer Zellstruktur ermöglicht, all das, was dazwischenliegt zu optimieren, wie sie wollen. Die Art und Weise dessen, wie die Wertschöpfung zwischen den Nahtstellen erbracht wird, obliegt vollständig den jeweiligen Teams.

{ Nahtstellenvereinbarungen machen Steuerung durch Manager überflüssig. Das Tagesgeschäft kann „führungskräftefrei" erfolgen. }

Wertschöpfungsrechnung: Konzept & Ausgestaltung

**Um die netzwerkartige Zellstruktur eines Unternehmens auch betriebswirt-
schaftlich wahrnehmbar zu machen, müssen nicht nur die Leistungsbeziehungen zwischen Markt und Peripheriezellen abgebildet werden, sondern auch
die jene zwischen Zellen innerhalb der Organisation.** Beta-Unternehmen, wie
Handelsbanken, dm-drogerie markt und Morning Star, betreiben schon lange
Systeme dieser Art. In einer Wertschöpfungsrechnung werden interne Leistungen nicht, wie heute meist üblich, planwirtschaftlich durch Umlagen oder „Al-
lokationen" verrechnet: Sie werden zwischen Zellen marktwirtschaftlich nach
Inanspruchnahme berechnet. Ein fundamentaler Unterschied!

Eine Wertschöpfungsrechnung besteht im Wesentlichen aus zwei Elementen:

- **Aus Leistungskatalogen der Zentrumszellen.** Durch die Leistungskataloge
  kommen Zellen des Zentrums zu „Umsätzen".

- **Aus Wertschöpfungsberichten für alle Zellen der Zellstruktur.** Mit dieser
  Wahrnehmungsoberfläche für Teams wird Bewusstsein für den Leistungs-
  austausch erhöht.

Leistungskataloge & Wertschöpfungsberichte

In Leistungskatalogen wird definiert, was in einer Zentrumszelle für Peripheriezellen geleistet wird. Hier werden die Leistungsverflechtungen zwischen
Zellen der Organisation und deren Transferpreise beschrieben. Die Erstellung

Skizze einer Team-Wertschöpfungsrechnung.

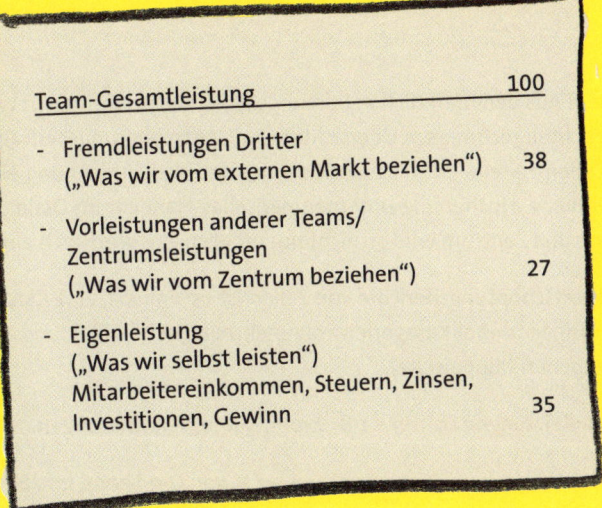

Team-Gesamtleistung	100
- Fremdleistungen Dritter ("Was wir vom externen Markt beziehen")	38
- Vorleistungen anderer Teams/ Zentrumsleistungen ("Was wir vom Zentrum beziehen")	27
- Eigenleistung ("Was wir selbst leisten") Mitarbeitereinkommen, Steuern, Zinsen, Investitionen, Gewinn	35

des Leistungskatalogs ist nicht Aufgabe irgendeiner koordinierenden Stelle, sondern sie wird eigenverantwortlich von den jeweiligen Leistungserbringern – den Zentrumszellen selbst! – gestaltet. Leistungskataloge sollten „einfach" sein, sie sollten also möglichst wenige Transferleistungen pro Zelle enthalten. Fünf bis sieben Leistungen pro Zentrumszelle sind genug!

Die von Zentrumszellen angebotenen Leistungen werden stets mit einem Preis versehen, der „gerade kostendeckend" sein soll. Zentrumszellen dürfen keine Gewinne machen! Es würde zu dysfunktionalem Verhalten führen, wenn Gewinne woanders ausgewiesen werden, als dort, wo sie entstehen: nämlich an der marktnächsten Stufe der Wertschöpfungsstruktur, in der Peripherie. Gewinnzuschläge müssen darum in den internen Leistungsverflechtungen unterbleiben! Aus den marktlichen Leistungsbeziehungen werden in Wertschöpfungsberichten rechnerisch Übersichten der Wertschöpfungsbeiträge der einzelnen Zellen erstellt – ähnlich der Gewinn- und Verlustrechnung eines Kleinunternehmens. Hochgradig unternehmerisches Handeln im Dialog zwischen Peripherie und Zentrum wird so nicht nur möglich – es wird auch eingefordert.

Für die Wertschöpfungsberichte von Zellen ist es sinnvoll, eine Klassifizierung der Leistungen in drei Kategorien vorzunehmen (siehe Abbildung auf der vorangegangenen Doppelseite).

1. **Fremdleistungen Dritter** – z.B. Strom, Miete, Versicherungen.

2. **Vorleistungen von Zentrumsteams** – z.B. von Org Shops, Info Shops, Logistik.

3. **Eigenleistung** – Einkommen der Mitarbeiter, Steuern, Zinsen, Investitionen sowie Gewinn.

Im Sinne einer Wertschöpfungsrechnung ist Gewinn („Marge") Teil der Eigenleistung. Zudem gibt es hier den Begriff der Kosten nicht mehr – es gibt nur Leistungen! Folglich werden von Zellteams auch nicht „Kosten gemanagt", sondern „Leistungs- und Wertschöpfungsströme verbessert". Interne Leistungen werden nicht wie eine Schuldzuweisung zugeschlüsselt, sondern von Zentrumszellen wie in einem Händlernetz entsprechend realer Nutzung berechnet. Zentrumszellen verfügen hier über keinerlei Budget! Andererseits zeigen die Vorleistungen der Zentrumsteams der Peripherie ihre Abhängigkeit von Leistungen anderer Teams auf, ohne die sie womöglich gar nicht tätig werden könnte!

Eine Wertschöpfungsrechnung verfolgt keinen analytischen Zweck: Es geht nicht darum, internen Arbeitsabläufen mittels „Treibern" Kosten zuzuschlüsseln. Darum sollte in Zellstrukturdesign auf Produktrentabilitätsrechnungen verzichtet werden – sie sind hier eine Form der Verschwendung. Die Berechnung von Produktrentabilitäten muss zwangsläufig unterbleiben, damit der Blick der Teams aufs Ganze geschärft bleibt. Stattdessen misst Wertschöpfungsrechnung erbrachter Leistung einen Wertbeitrag bei – und ruft ihn den unternehmerisch handelnden Empfängern wie auch den Erbringern ins Bewusstsein.

In einem System dieser Art gibt es weder „Fixkosten" noch „Gemeinkosten", weder „Umlagen" noch „Budgets" oder „Töpfe". Im Sinne der Wertschöpfung wäre es z.B. unpassend, von „IT-Kosten" zu sprechen: Die IT verursacht keine Kosten – sie erfüllt Bedürfnisse, die an anderen Stellen des Unternehmens im Zusammenhang mit Kundenwertschöpfung entstehen. Wäre dem nicht so, dann könnte die IT bzw. der Info Shop ja „aus Kostengründen" geschlossen werden. Genauso verhält es sich in einer Wertschöpfungsrechung mit „Mitarbeitereinkommen" – im traditionellen Management-Jargon als „Personalkosten" bezeichnet.

> { Durch Wertschöpfungsrechnung wird Akteuren bewusst, dass es Aufgabe des Zentrums ist, der Peripherie zu dienen – nicht, diese zu steuern oder zu managen. Die Beiträge einzelner Teams zur Gesamtwertschöpfung werden sichtbar – und deren Preise. }

Transparenz für Führung & soziale Dichte

Transparenz im Zusammenhang mit Zellstrukturdesign bedeutet: Die Sichtbarkeit des Zahlenwerks dramatisch zu erhöhen. Transparenz ist wie „Licht anknipsen, damit alle sehen können". Offene Bücher bedeuten, Peripherie und Zentrum gleichmäßig mit Licht zu versorgen, das vom Markt hereinscheint. Sie sind eine notwendige Voraussetzung für Transparenz in der Organisation. Ohne Transparenz kein Mitdenken, kein dauerhaft gemeinschaftliches Handeln, keine Mitverantwortung. Wie auch. Ohne Transparenz befindet sich eine Organisation im „Blindflug". Und erzwingt damit Fahrlässigkeit.

Transparenz des Zahlenwerks hat auch weniger offensichtliche Wirkungen. **In diesem Zusammenhang ist es sinnvoll, zwischen drei Arten von Kontrolle zu entscheiden: zwischen formeller Kontrolle – die zur Einhaltung von Compliance-Anforderungen erforderlich ist. Weiterhin zwischen Kontrolle im Sinne der Fremdsteuerung und Kontrolle im Sinne der Selbststeuerung.** Fremdsteuerungskontrolle oder Steuerung der Peripherie durch das Zentrum ist in blauen Umwelten recht wirksam. Sie prägt sich als Überwachung von Mitarbeitenden, in Vorgaben, Regeln, Prozessen und Sanktionen aus. Das Verhalten der Mitarbeitenden soll hier durch Formelle Struktur gelenkt und beherrscht werden. Solche Fremdsteuerung ist teuer – in roten Kontexten führt sie zudem zwangsläufig zu Fehlsteuerung.

Offene Bücher andererseits unterfüttern Selbststeuerungskontrolle systematisch. **Transparenz erhöht sozialen Druck oder „Gruppendruck" zwischen Ak-**

**Gruppendruck, „sozialer Druck" oder „peer pressure"
wirken sowohl innerhalb von Zellen, als auch zwischen ihnen.**

teuren und zwischen Zellen: Sie erzeugen Verbindlichkeit und soziale Dichte.
Dies wiederum ist Treiber einer Kontrolle, die weit effektiver wirkt als hierarchische Kontrolle! Ohne deren schädigende Nebenwirkungen. Transparenz
ermöglicht, dass Teams gemeinsam Verantwortung für gemeinsame Ziele
übernehmen können. Und sie sorgt für Vergleichbarkeit der Teamergebnisse
zwischen Teams.

Offene Bücher sind bis heute selten in Unternehmen. In der öffentlichen Debatte über Transparenz dominiert oft das Argument, diese würde potenziell
zu Missbrauch anregen. Wir halten das für eine abwegige Diskussion. Denn
bei der Debatte um Transparenz wird oft verschwiegen, dass in Organisationen ohnehin alle Akteure bereits zur Verschwiegenheit verpflichtet sind. Das

nämlich regelt einerseits schon der Gesetzgeber. Andererseits regeln es Verträge – der Branche, der Position oder dem Arbeitsverhältnis angemessen. Und normalerweise funktioniert dies ja auch.

Hinter der Debatte um Transparenz steckt natürlich vor allem eines: **dass konsequente Transparenz Herrschaftswissen erodiert, ja die Anhäufung von Herrschaftswissen sogar strukturell unmöglich machen muss.** Denn eine Zellstruktur-Organisation mit konsequenter Dezentralisierung von Entscheidung in die Peripherie kann sich Informationsklumpung nicht leisten. Eine Beta-Organisation muss Herrschaftswissen mit allen Mitteln bekämpfen, auch wenn es in jeder Alpha-Organisation naturgemäß Akteure gibt, die sich dazu haben sozialisieren lassen, Herrschaftswissen anzuhäufen und für eigene Zwecke zu nutzen.

Dennoch nochmals zur Klarstellung: Offene Bücher bzw. Transparenz für Selbstorganisation bedeutet nicht, wahllos und unreflektiert Firmengeheimnisse auszukippen oder Compliance zu verletzen. Es bedeutet nicht, Konstruktionspläne auszuplaudern. Die Geheimformel des eigenen Produkts auf Twitter zu posten. Es bedeutet nicht, verantwortungslos mit Daten umzugehen. Sondern es bedeutet, Teams und Mitarbeitern die intelligente Einordnung von Aktivitäten, Arbeit und Teamleistung in ökonomische Zusammenhänge zu ermöglichen. Nur so kann verantwortungsvoller Umgang mit allen Ressourcen geübt und praktiziert werden. Und: In Unternehmen wird heute weit mehr Schaden durch heimliche Manipulation, Informationsmacht und Intransparenz angerichtet, als es die Offenlegung wirtschaftlicher Informationen und Kontexte in Organisationen jemals könnte!

Transparenz ist nie Selbstzweck. Sie dient immer dem gemeinsamen Verstehen, Lernen, Vereinbaren, Entscheiden.

Die Bücher öffnen – und sie offenhalten

Die Bücher „aufzumachen" ist das eine. Sie effektiv offenzuhalten ist etwas ganz anderes. Denn es gehört mehr dazu, als nur „passiv" Zugang zu Bergen von Daten zu ermöglichen. Vielmehr geht es darum:

- Teams schnelle, einheitliche Wahrnehmungsoberflächen im Sinne konkreter, arbeitsbezogener Informationen zu schaffen, die von Teams selbst zum besseren Verständnis eigener Märkte, Produkte/Leistungen und Wertschöpfung aufbereitet und eingesetzt werden können.

- Wertschöpfungszusammenhänge innerhalb der Organisation für alle Teams und Mitarbeiter sichtbar und erlebbar zu machen.

- Rohstoff für kritischen Diskurs über anstehende Entscheidungen zu liefern.

Das bedarf aktiver Bewusstseinsarbeit, passender Kommunikationsformate und geeigneter Interventionen.

{ Offene Bücher liefern einen Beitrag zur ständigen Sensibilisierung einer Belegschaft für das Unternehmensgeschehen. Diese Sensibilisierung ist nötig, um in „roten" Märkten zu bestehen. Transparenz ist aber vorrangig ein soziales, nicht ein technisches Problem. }

Teil 4

Ergänzende Hinweise für die Praxis

(Was es sonst noch braucht.)

Eine strukturierte Vorgehensweise zum Zellstrukturdesign: Überblick

Das Zellstrukturdesign einer Organisation lässt sich, der Logik von Marktkomplexität und Dezentralisierung von Entscheidungen zur Peripherie hin folgend, am besten mit einer Vorgehensweise konzipieren, die sich der Wertschöpfung „von außen nach innen" nähert. Vor dem Entwurf des Zellnetzwerks selbst gilt es jedoch, die Bewusstseins- und Vereinbarungsarbeit auf die Grenze der Organisation zu richten.

1. **Ausformulierung der Sphäre der Geschäftstätigkeit mit dem Geschäftsmodell (Seite 44).**
   Dies muss zuallererst erfolgen. Frei nach dem Motto: „Wer keine Ahnung vom Geschäft hat, kann auch keine Zellstruktur entwerfen!" Die Sphäre der Geschäftstätigkeit muss so robust ausformuliert sein, dass sie erklärbar, fassbar, diskutierbar ist. Ein derartiger Reifegrad der Ausformulierung lässt sich daran erkennen, dass die Sphäre der Geschäftstätigkeit in einer Weise verschriftlicht ist, dass sie von allen internen und externen Akteuren (Seite 30) nachvollzogen und verstanden werden kann. Ist das der Fall, kann mit der Denkarbeit am Inhalt der Zellstruktur begonnen werden. Nicht vergessen: Zellstruktur dient der Ermöglichung erfolgreichen Geschäfts. Also einer Wertschöpfung, die wettbewerbsfähig bzw. dem Wettbewerb überlegen ist (Seite 26).

2. **Danach: Entwurf der Peripheriezellen (Seite 70).**
   Ist die Sphäre der Geschäftstätigkeit ausreichend klar formuliert, dann ist

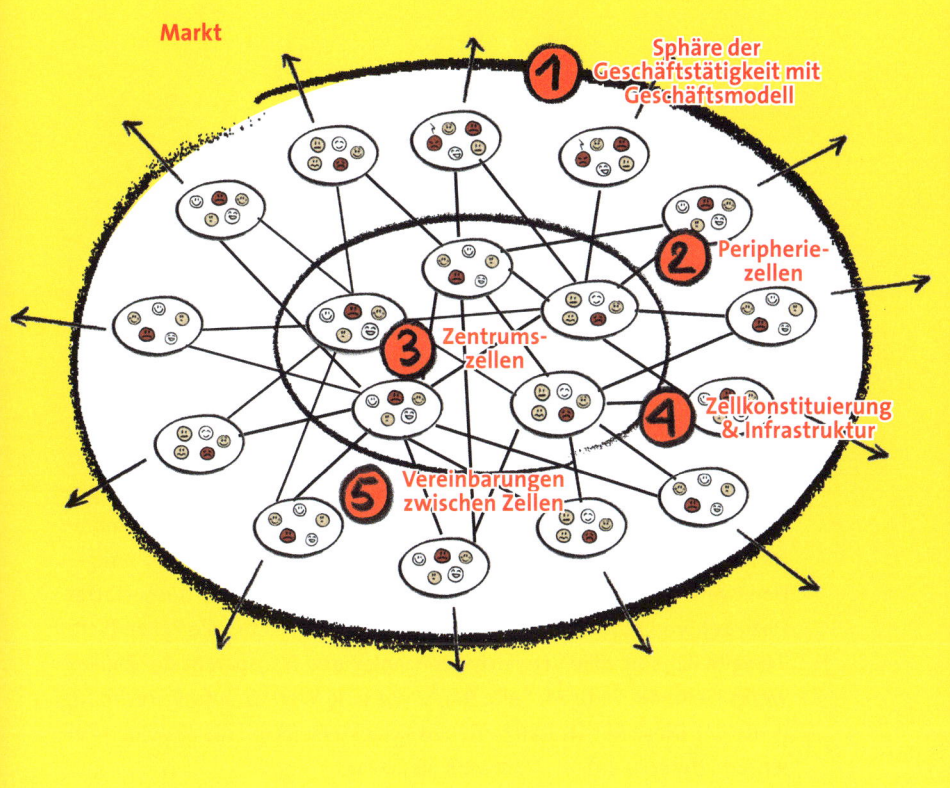

die Voraussetzung für den Entwurf der Peripheriezellen gegeben. Jetzt kann die Struktur marktnaher Leistungseinheiten mit hoher Verbindlichkeit durchdacht werden. Hierzu gehört die Reflexion über nötige Funktionen in der Peripherie, von Rollen und Rollenkonstellationen (Seite 64) in der Peripherie, später dann auch von personellen Konstellationen.

3. **Danach: Entwurf der Zentrumszellen (Seite 78).**
Man könnte sagen: „Aus all dem, was trotz größter Bemühungen nicht in die Peripheriezellen hineinpasst, wird Zentrum." Hier finden sich zwei Arten von Wertschöpfung wieder: jene Rollen, die den Peripheriezellen dienen, sowie Rollen, die der Verfasstheit der Organisation insgesamt dienen (z.B. „Vorstand" oder „Geschäftsführung"). Natürlich muss in diesem

Zusammenhang auch die Kopplung zwischen Zentrum und Peripherie in den Blick genommen werden (Seite 82, Seite 86, Seite 90). Auch hier sollten personelle Konstellationen als Letztes betrachtet werden.

4.   Danach: Zellkonstituierung & Infrastruktur.
Sind Sphäre, Peripherie- und Zentrumszellen vorgedacht, kann das gemeinsame Handeln beginnen: Zellen bzw. ihre Zellteams können beginnen, sich zu konstituieren, wobei sie ihre jeweilige Zellidentität/-membran festlegen bzw. weiter schärfen. Sie werden gleichzeitig mit dem nötigen Handwerkszeug für selbstgesteuerte Leistungserbringung ausgestattet. Dazu gehören Mini-Gewinn- und Verlustrechnungen für alle Zellen (Seite 74, Seite 82), sinnvolle Vergleichskennzahlen und Transparenz des Zahlenwerks (Seite 48, Seite 74, Seite 94), sowie eine Wertschöpfungsrechnung (Seite 90). Diese Aktivitäten beziehen sich einerseits auf die einzelnen Zellen, andererseits auf das Netzwerk als Ganzes.

5.   Danach: Vereinbarungen zwischen Zellen.
Auf dieser Grundlage können nun Leistungs-, Preis- und Nahtstellenvereinbarungen zwischen den Zellen geschlossen werden (Seite 82, Seite 86).

Die hier skizzierte Vorgehensweise ist als Entwicklungslogik zu verstehen – und nicht etwa als mechanistisches Phasenkonzept. Wir schlagen die fünf vorgestellten Kategorien als eine Entwicklungsheuristik vor, da sie sachlogisch, praktikabel und allgemeinverständlich ist. In unserer Arbeit mit Organisationen wenden wir diese Vorgehensweise ebenfalls an.

Grundsätzlich kann die Entwicklung einer Zellstruktur natürlich niemals abgeschlossen oder „fertig" sein. Es bedarf ewiger Überprüfung, Nachjustierung und Anpassung des Designs an äußere und innere Einflüsse. **Die Zellstruktur-Konzepte müssen aber bereits im Verlauf der Entwicklung des Designs selbst-**

verständlich werden und Mitarbeitenden „ins Blut übergehen". Im folgenden Abschnitt erläutern wir, wie Formate für die Hervorbringung einer Zellstruktur ausgestaltet werden können, und was es in diesem Zusammenhang zu beachten gilt.

{ Unternehmerisches Bewusstsein ist Ursache und Wirkung von Zellstrukturdesign. Wenn viele Organisationsmitglieder das Geschäft ihrer Zelle und das der Organisation verstehen, dann wird Zusammenarbeit „einfach". }

Tipps zur Entwicklung und zur Weiterentwicklung des Designs

Zu einem robusten, „guten" Erstentwurf eines Zellstrukturdesigns gelangt man mithilfe einer offenen Sequenz von Workshops, „Denkwerkstätten" oder „Konzeptsessions". Diese Workshops sollten stets mit stark gemischten, nicht zu kleinen und nicht zu großen Arbeitsgruppen durchgeführt werden– z.B. mit zehn bis 20 Personen in jeder Session. Dem Prinzip der Einladung folgend muss die Teilnahme an den einzelnen Workshops natürlich stets freiwillig sein. Unserer Erfahrung nach bedarf es einer Sequenz von zwei bis vier solcher Workshops, im Abstand von jeweils rund zwei Wochen, um zu einem Entwurf des Zellstrukturdesigns zu gelangen, der allen Basisanforderungen gerecht wird. Für die Zeit zwischen den Workshops sollten die Teilnehmerinnen und Teilnehmer jeweils die Aufgabe bekommen, in Kleingruppen neue, weiterreichende oder „radikalere" Designvorschläge als bisher zu erarbeiten.

Das Konzept der offenen Workshopsequenz

Warum gerade diese Vorgehensweise? Innerhalb einer solchen Workshopsequenz kommt es zu sukzessiver, iterativer Überarbeitung des Wertschöpfungsstruktur-Designs, in gerade anfangs sehr kurzen Zeitschleifen. Nur so kann ein nicht nur umsetzbares, sondern auch ein möglichst dezentralisiertes und leicht skalierbares Ergebnis erzeugt werden. Wir empfehlen, die Workshopsequenz von einer externen Expertin/einem externen Experten begleiten zu lassen, die oder der über detaillierte Kenntnisse des Zellstrukturdesigns verfügt –

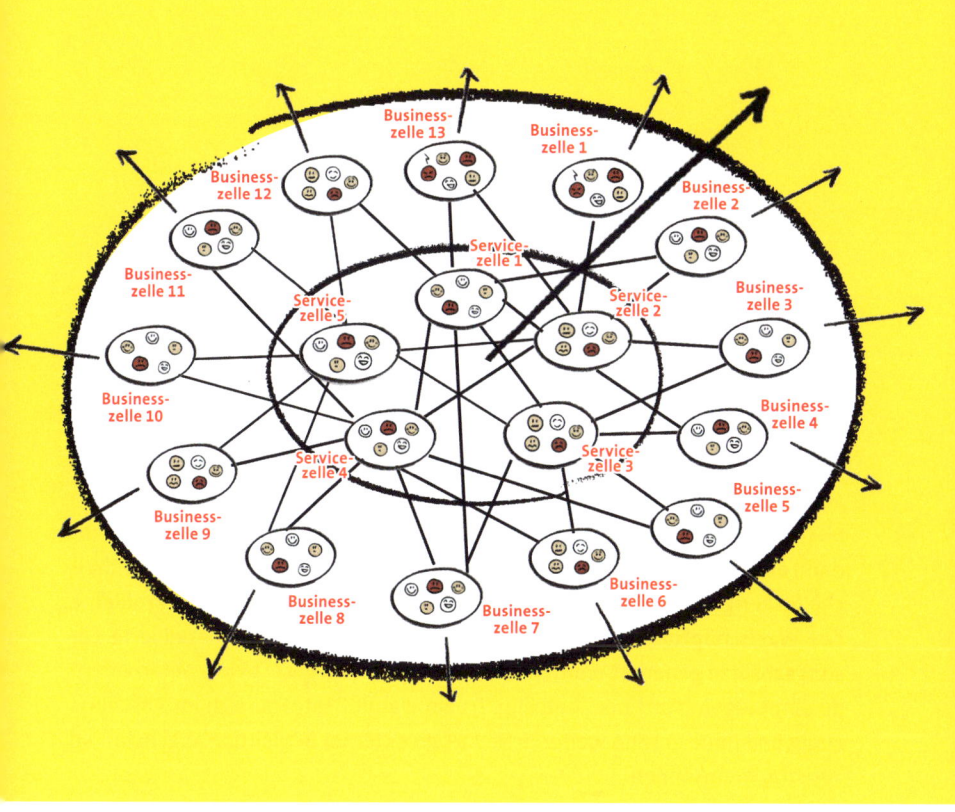

besser noch über Erfahrung mit solchen Designs. Der externe Begleiter kann dadurch, dass er auf Denkbarrieren aufmerksam macht, den Designprozess erheblich beschleunigen. Apropos Beschleunigung: Natürlich kann die Entwicklung eines Zellstrukturdesigns ein Bestandteil von OpenSpace Beta sein – siehe www.openspacebeta.com.

Prinzipiell gilt jedoch: **Eine Organisation muss ihr Zellstrukturdesign aus sich selbst heraus erarbeiten. Externe Begleitung sollte sich weitgehend auf Herausforderung und Methodenzulieferung beschränken. Und: Je mehr Organisationsmitglieder in den Gestaltungsprozess zur Entwicklung des ersten Zellstrukturdesigns einbezogen werden, desto besser das Ergebnis!** Unserer Erfahrung nach ist es in vielen Organisationen angeraten, in Abhängigkeit von der Organisationsgröße, mindestens ein Viertel bis zu einer Hälfte der Akteure der Organisation aktiv in den Designprozess einzubeziehen.

Mehrere Gründe sprechen dafür, möglichst viele Akteure zu involvieren: Erstens sind recht viele Könner mit unterschiedlichen Könnerschaften und Detailkenntnissen über die Wertschöpfung erforderlich, um mit dem Strukturdesign auch gleichzeitig die konzeptionelle Lösung existenzieller Wertschöpfungsprobleme zu durchdenken und zu erreichen. **Ein Zellstrukturdesign-Entwurf hat dann einen guten Reifegrad und ausreichenden Detailreichtum, wenn zahlreiche bisherige Probleme „aufgelöst" wurden und für alle kniffligen Probleme des Wertschöpfungsflusses in der Zellstruktur angemessen detaillierte Lösungsansätze generiert wurden.** Zweitens sollten möglichst viele Mitarbeitende einbezogen (statt nur „beteiligt"!) sein, damit Zellteams sich im Anschluss zügig und ohne großen weiteren Bedarf an externer Begleitung, eigenständig konstituieren können.

So funktioniert die Visualisierung des Zellstrukturdesigns

Die Visualisierung eines Zellstrukturdesigns kann und sollte so weit wie möglich haptisch und physisch, in jedem Fall aber öffentlich erfolgen – schon während der Anfänge der Workshopsequenz zum Zellstrukturdesign. Durch Haptik und Öffentlichkeit können neben den Workshopteilnehmern prinzipiell „alle" Organisationsmitglieder an der Design-Entwicklung teilhaben.

Zell-Konstituierung und „ewiges Beta"

Im Anschluss an die Workshopsequenz gehört es zu den ersten Aufgaben und zu den ersten essenziellen Entscheidungen aller Zellteams innerhalb der

Zellstruktur, sich individuell zu konstituieren. Dabei legt jedes Zellteam seine eigene Zellmembran und Identitätssphäre fest (siehe Seite 70-73 dieses Buchs).

Eine „Iteration" des Designvorgehens ist unverzichtbar. Das Bewusstsein bei allen Beteiligten für die Notwendigkeit einer wiederholten, zyklischen Nachschärfung eines Zellstrukturdesigns sollte systematisch gefördert werden: Nach einiger Zeit, in der sich das neue System ausprägt und es „praktiziert" wird, entstehen nämlich typischerweise vollkommen neue Einsichten und Lernerfahrungen darüber, was insbesondere Peripheriezellen brauchen, um ihr Business mit wachsender Autonomie zu betreiben. Das kann zu einigen bedeutsamen Nachbesserungen an der Struktur führen.

Dezentralisierung hört niemals auf.

{ Zellstrukturdesign hört niemals auf – ebenso wenig wie Beta! Organisationale Wertschöpfung erlangt aber genau dann ultimative Robustheit, wenn die Prinzipien des Zellstruktur-designs allen „ins Blut übergegangen" sind. }

Zusätzliche Vernetzung – in Zellstruktur & darüber hinaus

Dezentralisierte Zellstrukturen bedürfen mehr- und vielschichtiger Vernetzung. Auch über die in Form eines Zellstrukturdesigns abbildbare Wertschöpfungsstruktur hinaus! Vielfältige Organisationswerkzeuge sind dazu geeignet, solch intensive Vernetzung innerhalb von Wertschöpfungsstruktur und innerhalb Informeller Struktur zu erzeugen bzw. zu verstärken. Einige dieser Werkzeuge oder „Komplexithoden" wollen wir an dieser Stelle würdigen, da ihnen sowohl bei der Entwicklung, als auch bei der Vertiefung eines Zellstrukturdesigns tragende Rollen zukommen.

- **Für Entscheidungsvernetzung: Konsultativer Einzelentscheid.** Mit diesem Werkzeug können bedeutsame unternehmerische Probleme mit Konfliktpotenzial, die eine Beteiligung vieler Akteure erfordern, in robuste Entscheidungen überführt werden. Von derartigen Entscheidungsbedarfen gibt es in jedem Unternehmen üblicherweise nicht viele, sondern eher wenige. Gewichtige Investitionsentscheidungen, beispielsweise, oder ein Firmen-umzug. Klassische Entscheidungsmethoden wie Konsens-, oder Mehrheitsentscheid, Gremien- oder „Chefentscheid", aber auch Ansätze wie Konsent sind wenig geeignet, diese Art von Entscheidung herbeizuführen. Konsultativer Einzelentscheid beginnt mit der Zuspitzung des Problems, gefolgt von der Bestimmung einer einzelnen Entscheiderin/eines einzelnen Entscheiders. Diese Person wird autorisiert, im Interesse des Ganzen bzw. der Gemeinschaft zu entscheiden, unter der Vorbedingung, das sie zuvor alle relevanten Akteure und aller erforderlichen Könner in-

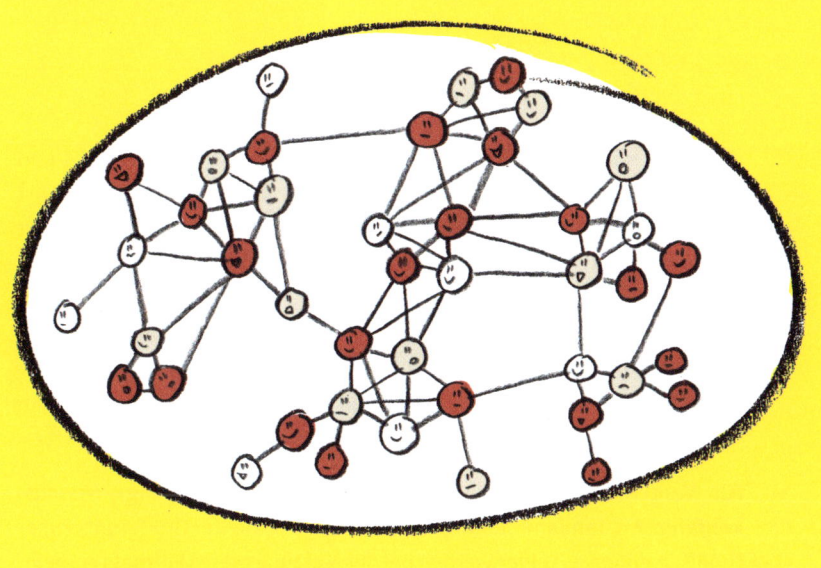

nerhalb und außerhalb der Organisation konsultiert („um Rat ersucht"). Diese ausreichend umfassende Ratsuche ist im Konsultativen Einzelentscheid nicht optional, sondern Pflicht. Kern dieses Werkzeugs ist damit die Frage: „Wer kann, wer soll für uns in dieser Sache entscheiden? Wer ist die Könnerin oder der Könner für dieses spezifische Problem?"

• **Für fachliche Vernetzung: Communities of Problems.** Probleme sind nichts Schlechtes! Es ist hilfreich für Organisationen aller Art, Probleme nüchtern als „nicht-ignorierbare Ereignisse" zu verstehen. In Communities of Problems finden jene zusammen, die sich für bestimmte Probleme und knifflige Fragen interessieren und die ebenfalls etwas zu ihrer Bearbeitung beitragen wollen. Das heißt, hier wird in der Regel nicht Kundenwertschöpfung oder Tagesgeschäft betrieben, sondern Einsicht und Wissen generiert oder innoviert. Die Teilnahme in Communities dieser Art muss in einer Zellstruktur stets auf Freiwilligkeit beruhen. Man kann nur zu ihnen einladen, indem das Problem einladend beschrieben oder zugespitzt wird. Die eingeladenen Akteure müssen dann selbst entscheiden, ob sie sich anschließen oder nicht. Formate, die physische, persönliche Begegnung ermöglichen, müssen unbedingt Bestandteil von Communities of Problems sein. Denn Könner wollen einander auch beschnuppern können. Nur echte Begegnung führt zu Diskurs.

- **Für Vergemeinschaftungsvernetzung: OpenSpace Meetings/Wissenskonferenzen, Tandemmeetings.** Wir sind große Fans der Großgruppenmethode OpenSpace. Leider werden bei der Nutzung dieses Formats gemeinhin wichtige Randbedingungen für ein Gelingen außer Acht gelassen: die ernsthafte Einladung, beispielsweise, die eine Grundlage für Freiwilligkeit ist. Oder die Formulierung einer echten, brennenden Themenstellung – als „Grund" für die Veranstaltung und die Einladung. Oder Session-Dokumentationen zur Ergebnissicherung während des OpenSpace Meetings selbst. Einladung, Thema und Sessiondokumentation sind unabdingbare Elemente zur Nutzung von OpenSpace innerhalb von Unternehmen. OpenSpace ist ideal zur Veranstaltung organisationsweiter Wissenskonferenzen geeignet und dafür, dringende, bedeutsame Probleme mit prinzipiell fast unbegrenzter Teilnehmerzahl bearbeitbar zu machen.
Tandemmeetings folgen ähnlichen Prinzipien wie OpenSpace, sie sind jedoch „klein" und zur ständigen, dauerhaften Nutzung geeignet. Ein Tandemmeeting ist eine einzelne Begegnung im physischen Raum von maximal 90 Minuten, für einen Teilnehmerkreis von maximal 12 Personen, angeboten und moderiert von einem „Tandem" bzw. einem „Doppel" von Akteuren. Die Teilnahme muss stets absolut freiwillig sein. Gruppen soll-

ten möglichst gemischt sein. Die Konstellation des gastgebenden „Tandems" wechselt von Meeting zu Meeting. Ein Tandemmeeting hat ein Thema – aber keine Agenda und kein Protokoll. Es sollen auch keine Entscheidungen getroffen werden. Nach 90 Minuten ist Schluss.

- **Für informelle Vernetzung: Konstruktive Irritation Informeller Struktur.** Es gibt Hunderte von Möglichkeiten der Intervention an Informeller Struktur. „Wir können nicht nicht an Informeller Struktur intervenieren!" Beispielhafte Fragen dafür, um den Verhältnissen auf die Schliche zu kommen, in denen sich die Informellen Struktur einer Organisation ausprägt, wären: Wie sieht die Kantine aus? Wie sind Räumlichkeiten gestaltet, in denen gearbeitet wird? Wie sehen Kaffeemaschinen, Kaffeeküchen und Kühlschränke aus – und wo befinden sie sich? Welche Art von Ritualen, After-Work-Veranstaltungen, Feierlichkeiten gibt es? Wo und wie finden Meetings statt? Wie informationsreich ist die Arbeitsumgebung, was ist sichtbar und was nicht? Welche Medien werden wofür eingesetzt? Wie sind Einladungen formuliert? Die Verhältnisse lassen sich verändern – Informelle Struktur reagiert darauf.

{ Vernetzende Organisationswerkzeuge wie Konsultativer Einzelentscheid, Communities of Problems, Wissenskonferenzen und Tandemmeetings, verleihen einer Zellstruktur zusätzliche Robustheit. Ebenso wie Informelle Vernetzung. }

Vom Karriereweg in der Hierarchie zum Werdegang in der Zellstruktur

Veränderungsarbeit hin zu einer Zellstruktur wirft logische und berechtigte Fragen bei den Organisationsmitgliedern auf, die mit dem persönlichen Vorankommen in Arbeit und Beruf zusammenhängen:

- Wie kann ich in einer Zellstruktur in meinem Beruf weiterkommen?
- Mache ich dann noch Karriere? Und wenn ja – wie viele?
- Wie komme ich in Zellstruktur zu einem höheren Gehalt?
- Verliere ich in dieser Struktur am Ende nicht gar an Wert am Arbeitsmarkt?
- Wie definiere ich meine professionelle Identität, wenn nicht über hierarchischen Status in meinem Unternehmen?
- Werden meine Leistungen in einer Zellstruktur überhaupt im Zusammenhang mit meinen Vorankommen gesehen? Und wenn ja, von wem?

Diese und andere Fragen ergeben sich aus den Bildern, die wir von Karriere haben. Unsere Vorstellungen von Karriere sind stark mit Bildern „hierarchischen Aufstiegs" verknüpft: Vorankommen ist hier mit zunehmender Personalverantwortung für Kolleginnen und Kollegen verbunden; man „empfiehlt sich für Höheres" in der Pyramide und „rückt in höhere Positionen auf". Der Weg nach oben ist an vorhersebare Voraussetzungen geknüpft: In Alpha-Organisation weiß der Karrierist genau, auf was er sich einlässt, wenn er sein Ziel erreichen will. Als Ersatz für diese „echte Karriere" halten manche Alpha-Organisationen die Option einer „Fachkarriere" vor: Für jene, bei denen es „zur Aufstiegskarrie-

**Bye-bye Positionskarriere,
willkommen Lern-, Entwicklungs-, Verantwortungs-
Einkommens- und Könnerkarriere.**

re nicht ganz reicht", die aber etwas können. Ein Konstrukt, das weithin wenig Ansehen genießt, da ihm etwas Zweitrangiges anhaftet. Aufstiegskarrieren indes werden für viele Menschen zunehmend unattraktiv. Sie passen nicht mehr recht zu heutigen Marktkräften. Zur Verdeutlichung:

- **Karrieren verflüssigen sich: Arbeitnehmer wechseln Arbeitsplatz und Arbeitgeber häufiger und in kürzer werdenden Intervallen.** Früher waren Wechsel als „Jobhopping" verpönt, heute gehören sie dazu: Arbeitsverhältnisse passen sich den Bedürfnissen von persönlichen, in Veränderung befindlichen Biographien an. Statt umgekehrt.

- **Im Lauf des Lebens üben wir künftig mehr als nur einen Beruf aus.** Vertiefung und Neuaufbau praktisch relevanter Expertise während des gesamten Berufslebens (statt nur in den Lehrjahren) werden zur Pflicht.

- **Märkte, Berufe, Professionen differenzieren sich stärker aus.** Die Zahl der Jobtitel erhöht sich geradezu inflationär. Dadurch werden Positions- und Titelkarriere tendenziell entwertet. Nur wer relevantes Können besitzt, verfügt an heutigen Arbeitsmärkten über Marktmacht.

- **In Komplexität ist das, was einst „soft" erschien, „hart".** Fähigkeiten, die für gute Zusammenarbeit eine Rolle spielen, wurden in den 1980ern zunächst als „Soft Skills" verulkt. Später hielten sie in Entwicklungsprogramme Einzug – auch in diejenigen für Führungskräfte. Denn: Schlechte Zusammenarbeit, asoziales Verhalten können sich Unternehmen kaum mehr leisten. Die zunehmend schnellere Entwertung von Berufsqualifikationen (den sogenannten „Hard Skills") hat diesen Wandel verschärft: Was zunächst als „soft" galt, ist längst zum neuen „Hart" geworden!

Diese Veränderungen am Karriere- und Arbeitsmarkt sind mit Aufstiegskarrieren in Alpha-Organisationen nicht kompatibel, finden aber in Zellstrukturen eine Entsprechung. Anders gesagt: **Wollen wir den Karriere-Begriff weiter verwenden, dann sollten wir statt von Aufstiegskarriere künftig besser von Zellstruktur-, Verantwortungs- oder Könnerkarriere sprechen.** Mitarbeitende werden in Komplexität um so „wertvoller" für ihre Organisationen, je mehr sie einerseits Verantwortung für Wertschöpfung (nicht: „für Personal") übernehmen bzw. je mehr sie über eine benötigte, wertvolle Könnerschaft (nicht: „Qualifikation"/„Kompetenz") verfügen. Könner sind in der Lage, Wertschöpfungsprobleme durch Zulieferung von Ideen zu lösen. Dazu ist hohe, durch Übung erworbene Fachlichkeit nötig, zum anderen soziale, kommunikative Könnerschaft, mit der Lösungen in Zusammenarbeit in die Praxis gebracht werden können. Hinzu kommen Bereitschaft und Fähigkeit, eigenes Können an andere weiterzugeben. Also: Meisterin oder Meister für andere zu sein.

Vergütungssysteme – ganz einfach

Bezahlung der Kolleginnen und Kollegen in einer Zellstruktur besteht im Wesentlichen aus einem festen Grundgehalt. Es scheint in diesem Zusammenhang selbsterklärend, dass jegliche individuellen Boni oder Anreize („Incentives") mit Miteinander-Füreinander-Leisten unvereinbar sind. **Das Grundgehalt kann und sollte nach Möglichkeit um eine Erfolgsbeteiligung auf Unternehmensebene ergänzt werden.** Dieser Erfolgsbeteiligung sollte relativ untergeordnete Bedeutung zukommen: Ihr Wegfall in wirtschaftlich schweren Zeiten darf nicht als einschneidend oder gar existenzgefährdend erlebt werden! Es kommt dem Grundgehalt zu, den Wert der Person für die Organisation und ihren Marktwert abzubilden. Für sich genommen muss dieses Gehalt als fair und angemessen wahrgenommen werden können.

Es empfiehlt sich, auf Einsortierung von Organisationsmitgliedern in Vergütungsraster oder Gehaltsbänder ganz zu verzichten. **Stattdessen sollte „das richtige Gehalt für die jeweilige Person" gefunden werden (Prinzip des „Pay the person, not the position").** Auf den ersten Blick mag dies, unserer Konditionierung entsprechend, schwierig oder gar unmöglich erscheinen. Nur so aber ist Gehaltsgerechtigkeit oder -fairness erreichbar. Hochgradig individuelle Grundgehälter, nicht aber extrem gespreizte Gehälter, werden die Folge sein. Karriere in einer Zellstruktur ist also in hohem Maße „Grundgehaltskarriere". **Jobtitel dienen hier nicht der Gehaltsfestlegung, sondern vorrangig der Innen- und Außenkommunikation.** Es kann eine logische, angemessene Folge sein, dass Mitarbeitende unterschiedliche Titel für das Außen und das Innen, sowie für verschiedene externe und interne Rollen tragen.

{ „Kannste was, dann biste was!" sagte die Zellstruktur. }

Lernarchitekturen für die Zellstruktur-Organisation

Eine **Beta-Organisation bedarf eines vergleichsweise hohen Bewusstseinsniveaus aller Akteure. Ebenso wie Bürgerinnen und Bürger einer Demokratie eines höheren Bewusstseinsniveaus bedürfen als jene in einer Diktatur.** Anders als in der erlernten Abhängigkeit einer Alpha- bzw. Pyramidenorganisation müssen sich Organisationsmitglieder in einer Zellstruktur ihrer Verantwortung für sich und andere, sowie der Wertschöpfungszusammenhänge im Miteinander-Füreinander-Leisten in hohem Maße gewahr sein. **Reflexionsfähigkeit und Interaktionsqualität fallen aber nicht vom Himmel: Sie müssen geübt und erlernt werden.** Traditionelle Lernformate, wie Seminare, Trainings und Programme, sind indes eher ungeeignet, um kollektives Bewusstsein, sowie „Bewusstsein im Kollektiv" hervorzubringen: Sie sind zu langsam, zu wenig skalierbar, und zu wenig wirksam in Bezug auf Interaktionen zwischen Akteuren und zwischen Teams.

Die Balance von Wissen und Können

Die Inhalte von Lernformaten in einer Zellstruktur sollten darauf ausgerichtet sein, Einsicht und Wirkung zu erzeugen, die im Einklang mit den Prinzipien des Beta-Kodex stehen. **Von zentraler Bedeutung sind Lerninhalte, die dazu beitragen, dass in dezentralisierter, selbststeuernder Struktur gut und kollegial, dauerhaft wertschöpfend und innovierend zusammengearbeitet werden kann.** Dabei ist die Unterscheidung zweier Arten des Lernens von Bedeutung: einerseits die Aneignung von Wissen bei Lernenden – durch Recherche, lesen,

Sozial, reflexiv, freiwillig, attraktiv:
Dies sind Grundprinzipien wirksamen Organisationslernens
im Zeitalter der Komplexität.

studieren, pauken, büffeln. Andererseits die Erzeugung von Können durch diszipliniertes Üben. Wissen ist für Selbstorganisation und Zusammenarbeit zwar bedeutsam – es ist aber nicht hinreichend!

- Reflexionsfähigkeit, Einsicht, Bewusstsein für eigene kommunikative Muster und jene der anderen,

- die Verinnerlichung der für Beta-Organisation notwendigen Begriffe, praktischen Theorie und Denkwerkzeuge (Beispiele: die in Teil 1 und Teil 2 dieses Buches vorgestellten Unterscheidungen und Konzepte)

sind Probleme des Könnens, nicht des Wissens! Könnerschaft indes kann nicht durch Wissensvermittlung, Vortrag oder Belehrung erreicht werden. Sondern

nur durch Übung, am besten zwischen Kolleginnen und Kollegen und innerhalb relevanter Team-Konstellationen.

Prinzipiengeleitete Lernformate

**Es erscheint folgerichtig, dass die Arbeit in selbstorganisiert-dezentralisierter
Organisation Entwicklungs- und Lernformate erfordert, die selbst von einem
hohen Maß an Selbstorganisation und Dezentralisierung geprägt sind.** Lern-
architekturen, die der Arbeit in Zellstruktur dienen und sie befördern, sollten
identischen Prinzipien folgen, wie die Arbeit in einer Zellstruktur selbst: Freiwilligkeit und Einladung sind beste Voraussetzungen dafür, dass Lernen Raum
und Relevanz erlangen kann – dafür, dass Lernengagement entsteht. Die Lernformate sollten zudem so weit wie möglich von den Lernenden selbst getragen werden (im Gegensatz zu Technologien des Vermittelns, die auf Experten
oder Lehrende setzen). Ein Beispiel für derartige Lernformate sind die bereits
erwähnten Werkzeuge „Communities of Problems", „OpenSpace Meetings/
Wissenskonferenzen" und „Tandemgespräche" (siehe Seite 109-111).

Nicht zu vergessen: Damit Lernen in Organisationen klappt, muss jede und
jeder Einzelne die Lernangebote insgesamt attraktiv finden. Lerngegenstände
müssen für das eigene Weiterkommen relevant, Lernformate einladend und
interessant sein – und am besten auch Freude machen. Darüber hinaus hat
Lernen auch immer eine soziale Komponente – insbesondere dann, wenn es
um die Übertragung ins Handeln geht.

Dreiklanglernen

Hier kommt die Kleingruppe, die lernt, ins Spiel. Der lernintensive Diskurs in
Kleingruppen ist der einzig mögliche „Transmissionsriemen" dafür, dass relevantes Wissen und Können der einzelnen Akteure in Handlungen und Interak-

tionsmuster übertragen werden. Der Schlüssel zum Dreiklanglernen, also dem Lernen auf den Ebenen von Individuum, Gruppe und Organisation, ist die selbstorganisierte Lern-Kleingruppe.

Zwar können Konstellationen, also Organisationen und Gruppen nicht im kognitiven Sinn „lernen": Sie haben kein Gehirn, folglich auch keine eigene Kognition! Sie können sich jedoch entwickeln. Dies tun sie andauernd: Sie befinden sich in ständiger Entwicklung – beabsichtigt oder unbeabsichtigt. Fortlaufende, absichtsvolle Entwicklung von Konstellationen – großen wie kleinen – wird durch selbstorganisierte Lern-Kleingruppen jedoch möglich. Wenn in vielen Kleingruppen Einzelne in diskursiven Lernprozessen miteinander-füreinander lernend aktiv sind, wenn sie „in Resonanz miteinander entwickelnd tätig sind", dann „lernen" Organisationen. Dann verändern sich geteilte Annahmen, Vereinbarungen und Kommunikationsmuster zwischen den Akteuren. Durch Übung und in Übung. Hierfür bedarf es zunächst des Wollens: Also einer bewussten Autorisierung von Entwicklung, die organisationale Wirkung entfalten darf und soll!

Dreiklanglernen eignet sich für alle Inhalte, die des Diskurses bedürfen und die für ihre Wirkung auf Zusammenarbeit vergemeinschaftet werden müssen. In denen also Entwicklung von Wissen, Einsicht und Können verschmelzen. Für alles andere gibt es vielfältige bekannte Lernoptionen.

> { Herrschaftswissen und Könnensmonopole behindern die Wirksamkeit einer Organisation. Diskursiv angelegtes, gemeinsames Lernen stellt Wissen und Können in der Zellstruktur auf eine breite Basis. }

Begriffs- & Spracharbeit rund um das Zellstrukturdesign

Arbeit an und in Zellstruktur macht die Verwendung einer anderen, einer alternativen Organisationssprache zwingend erforderlich.

Mehr als 100 Jahre der Praxis und Fortschreibung von Weisungs- und Kontrollorganisation haben Spuren in unseren Denk- und Sprachmustern zu Arbeit, Organisationen und Führung hinterlassen! **Das Problem: Die allerorts bekannten bzw. gewohnten Begriffe, Formulierungen oder Sprachbilder aus der Welt der Pyramidenorganisation und des steuernden Managements sind ungeeignet, um Wertschöpfungsstrukturen zu denken, zu kreieren, zu betreiben!**

Schon unser individuelles Denken ist von Sprachbildern, genauer gesagt von unseren Unterscheidungen und Begriffen geprägt. Erst in der Zusammenarbeit mit anderen wird dies aber wirklich augenfällig. Sobald wir gezwungen sind, miteinander zu reden, begegnen unsere persönlichen Sprachmuster denjenigen der anderen. Von den sprachlichen Mustern, die sich ausprägen, wenn wir miteinander in Kontakt kommen, hängt es ab, ob es uns gelingt, Zellstrukturen zu „vergemeinschaften" (auch so ein Wort!), ob wir sie bauen und Probleme in ihnen lösen können.

Die geeigneten Sprachbilder für Zellstruktur und gemeinsame Arbeit an der Wertschöpfung fallen nicht vom Himmel. Wir müssen sie ausprägen, sie aktiv kultivieren, sie kuratieren und pflegen. Hier eine Reihe von Begriffen, die geradezu zwangsläufig mit Zellstrukturdesign einhergehen.

Sprache ist machtvoll. Sie ist der Stoff, aus dem Organisationen gemacht sind.

Sprachschule zum Zellstrukturdesign: Eine Einführung

außen/innen – nicht: oben/unten oder unten/oben!

autonom, interdependent – nicht: autark, frei, unabhängig!

Businesszellen – nicht: Vertrieb!

Change-als-Flippen – nicht: Change als Reise, Change als Weg!

Dezentralisierung – nicht: Delegation, Partizipation!

Dialog – nicht: Feedback!

Entwicklung – nicht: Personalentwicklung!

Flow – nicht: Prozess!

Führung – nicht: Führen, Führungskraft!

Führung vom Markt her – nicht: Steuerung!

gemeinsam, miteinander – nicht: partizipativ, Beteiligung, „Betroffene"!

gemeinsamer Kampf gegen Verschwendung – nicht: Kostenmanagement!

Geschäftsführer, Vorstände – nicht: Chefs, Bosse!

„In der Peripherie" – nicht „draußen", „an der Front", „an der Schnittstelle zum Kunden"!

Ist/Ist – nicht Plan/Ist!

Kolleginnen und Kollegen – nicht: Mitarbeiter, „die Leute"!

Konsultation und Beratschlagung – nicht Vorgabe und Verhandlung!

Leistungsverrechnung – nicht: Umlagen und Budgets!

miteinander reden – nicht berichten, reporten, präsentieren!

Miteinander-Füreinander-Leisten – nicht: High Performer, High Potentials!

Nahtstellen – nicht: Schnittstellen!

Peer Recruiting – nicht: Stellenbesetzung durch Chefs & HR!

Peripherie an die Macht – nicht: Zentrum steuert!

Peripheriezellen – nicht: Profitcenter!

Prinzipien – nicht: Regeln, Richtlinien, Werte!

Rollen, Rollenportfolio – nicht: Position, Stelle, Job!

soziale Dichte, Gruppendruck – nicht: Druck von oben!

Sphäre der Geschäftstätigkeit, Geschäftsmodell, Organisationsmodell – nicht: Strategie!

Teamkonstellationen – nicht: Linienstruktur, Direct Reports!

Verantwortung – nicht: Verantwortlichkeit!

vereinbaren – nicht: umsetzen, implementieren, ausrollen, durchsetzen, abholen, mitnehmen!

Vereinbarung – nicht: Entscheidung!

vergemeinschaften, sozialisieren – nicht: überzeugen, mitteilen, ansagen, appellieren!

Verhältnisse schaffen – nicht: Leitplanken setzen, durchsetzen, eingreifen, vorgeben!

vorbereiten – nicht: planen!

Vorhaben – nicht: Alignment, Richtung!

Was in unserem System hat das verursacht? – nicht: Wer war´s?

Was steckt hinter diesem „Problem"/hinter diesem Einwand? – nicht: Wer ist Schuld?

Wertschöpfungsrechnung – nicht: Kostenrechnung!

Wissenskonferenzen, Lerncommunities – nicht: Abteilungs- und Bereichsleiterrunden, Jour fixes, Gremien, Ausschüsse, Lenkungskreise!

Zellen – nicht: Ab-teilungen!

zellbezogene Gewinn- & Verlustrechnung – nicht: individuelle Ziele, Budgets, Zielvorgaben!

Zellzuschnitt – nicht: Abteilungsgrenzen, Zuständigkeiten!

Zentrum & Peripherie – nicht: Aufbau- und Ablauforganisation!

Zentrumszellen – nicht: Costcenter, Overhead, Zentrale!

{ Sollte der gemeinsame Gebrauch der zum Zellstruktur-design gehörenden Begriffe anfangs verstörend wirken, dann ist das ein gutes Zeichen. }

& mehr

Zusätzliche Ressourcen

(Nützliches für die Zellstrukturdesign-Arbeit.)

Leseempfehlungen:
Bücher, Artikel & Papers

Mehr zu Zellstrukturdesign & Wertschöpfungsstruktur

BetaCodex Network Associates: Turn Your Company Outside-In!
A paper on Cell Structure Design. BetaCodex Network white papers
No. 8 & 9, 2008, *www.betacodex.org/white-papers*

Haeckel, Stephan: Adaptive Enterprise –
Creating and Leading Sense-And-Respond Organizations. HBRP, 1999

Pfläging, Niels: Führen mit flexiblen Zielen: Praxisbuch für mehr Erfolg
im Wettbewerb. 2. Auflage, Campus, 2011

Pfläging, Niels: Organisation für Komplexität – Wie Arbeit
wieder lebendig wird – und Höchstleistung entsteht. Redline, 2014

Pfläging, Niels/Hermann, Silke: Komplexithoden – Clevere Wege zur (Wieder)
Belebung von Unternehmen und Arbeit in Komplexität. Redline, 2015

Pfläging, Niels/Hermann, Silke: Org Physics – Explained. BetaCodex Network
white paper No. 11, 2011, *www.betacodex.org/white-papers*

Pfläging, Niels/Selders, Jan: Beyond Budgeting – Dezentralisierte Führung
und flexible Steuerungsprozesse umsetzen am Beispiel der Wertbildungsrech-
nung bei dm-drogerie markt. Fallstudie aus: Stoi, R./Dillerup, R.: Fallstudien
zur Unternehmensführung. Vahlen, 2012

Purser, Ronald/Cabana, Steven: The Self-Managing Organization –
How Leading Companies Are Transforming the Work of Teams for Real Impact.
Free Press, 1998

Seddon, John: Freedom from Command and Control – Rethinking
Management for Lean Service. Productivity Press, 2005

Wallander, Jan: Decentralization – Why and How to Make it Work. The Handelsbanken Way. SNS Förlag, 2003

Grundlagen & Fallbeispiele

Bakke, Dennis W.: Joy at Work – A Revolutionary Approach to Fun on the Job. PVG, 2005 Fallbeispiel

Brafman, Ori/Beckstrom, Rod A.: Der Seestern und die Spinne – Die beständige Stärke einer kopflosen Organisation. Wiley, 2007 Grundlagen

Case, John: Open-Book Management – The Coming Business Revolution. HarperBusiness, 1996 Grundlagen

Deming, W. Edwards: The New Economics for Industry, Government, Education. MIT Center of Advanced Educational Services, 1994 Grundlagen

Dietz, Karl-Martin/Kracht, Thomas: Dialogische Führung – Grundlagen, Praxis, Fallbeispiel dm-drogerie markt. Campus 2002 Fallbeispiel

Johnson, H. Thomas/Bröms, Anders: Profit Beyond Measure. Free Press, 2008 Fallbeispiel

Kleiner, Art: Who Really Matters – The Core Group Theory of Power, Privilege, and Success. Currency/Doubleday, 2003 Grundlagen

McGregor, Douglas: The Human Side of Enterprise. Annotated edition, McGraw-Hill, 2006 Grundlagen

Morgan, Gareth: Bilder der Organisation. Schaeffer Poeschel, 2018 Grundlagen

Semler, Ricardo: The Seven-Day Weekend – The Wisdom Revolution. Century, 2003 Fallbeispiel

Weisbord, Marvin: Productive Workplaces – Dignity, Meaning, and Community in the 21st Century. 3rd Edition. Pfeiffer, 2012 Grundlagen

Wohland, Gerhard: Denkwerkzeuge der Höchstleister: Warum dynamikrobuste Unternehmen Marktdruck erzeugen. Unibuch, 2012 Grundlagen

Frei verfügbare Online-Ressourcen und Videos

Du findest viele frei verfügbare Materialien auf betacodex.org sowie auf der Webseite zur Sozialtechnologie Zellstrukturdesign unter: redforty2.com/cellstructuredesign

Ressourcen des BetaCodex Network

Website des Beta-Codex Network

Papers des Beta-Codex Network

Liste empfohlener Artikel

Liste empfohlener Bücher

Videos zu Beta & Zellstrukturdesign

Leadership, Wertschöpfungsstrukturen, New Work: Niels Pfläging im Interview

Führung & Organisationsphysik: Vortrag von Niels Pfläging

Organisation für Komplexität: Niels Pfläging beim Innovation Day, Wien

Alle Videos von Niels Pfläging in deutscher Sprache

Andere Bücher von
Silke Hermann & Niels Pfläging

Niels Pfläging
Organisation für Komplexität
Redline Verlag. 2014
ISBN 978-3868815702

Niels Pfläging I
Silke Hermann
Komplexithoden
Redline Verlag. 2015
ISBN 978-3868815863

Silke Hermann I
Niels Pfläging
OpenSpace Beta
Vahlen Verlag. 2020
ISBN 978-3800660544

Niels Pfläging
Führen mit flexiblen Zielen
Campus Verlag. 2011
ISBN 978-3593388236

Niels Pfläging
Die 12 neuen Gesetze der Führung
Campus Verlag. 2009
ISBN 978-3593389981

Silke Hermann/
Frauke Ion
Typisch ich, typisch du
Gabal Verlag. 2018
ISBN 978-3869368856

Erhältlich über www.redforty2.com und im Buchhandel.

Die Autoren

Silke Hermann ist Unternehmerin, Geschäftsfrau und Autorin. Vor allem aber ist sie Business-Humanistin. Von 2011 bis 2018 war sie Geschäftsführerin und Mitinhaberin von Insights Group Deutschland, einem Learning- & Development-Anbieter mit Büros in Berlin und Wiesbaden und rund 25 Mitarbeiterinnen und Mitarbeitern. Als „Weltenwandlerin" war sie zuvor in leitender Funktion im hessischen Wirtschaftsministerium und als Inhaberin einer Strategieberatungsgesellschaft tätig. Silkes Kunden schätzen neben ihrer erstaunlichen fachlichen Versatilität insbesondere ihre Integrität und Klarheit. Sie fühlt sich beruflich besonders dort zuhause, wo sich Unternehmen, Gesellschaft und Politik begegnen.

Zellstrukturdesign ist Silkes fünftes Buch. Zu ihren anderen Büchern gehören der Bestseller *Komplexithoden* (2015), der Business-Organizer *Unkompliziert durchs Jahr* (2016), der Kompakt-Ratgeber *30 Minuten: Typisch ich, typisch du!* (2018) und das Handbuch *OpenSpace Beta* (Vahlen, 2020). *Komplexithoden* allein verkaufte sich bis heute über 22.000 Mal.

Silke auf Twitter: @SilkeHermann. Mail: Silke.Hermann@redforty2.com

Niels Pfläging ist ein leidenschaftlicher, aber auch pragmatischer Business-Vordenker. Er ist ein renommierter internationaler Speaker, der mühelos Humor mit Tiefgang und rhetorische Versiertheit mit Praxiskompetenz zu verbinden weiß. Und das nicht nur in einer, sondern gleich in vier Sprachen – Englisch, Deutsch, Spanisch und Portugiesisch. 2008 gründete Niels das BetaCodex Network, ein internationales Open-Source-Netzwerk. Zuvor war er fünf Jahre lang Direktor des renommierten Beyond Budgeting Round Table BBRT. Seit 2003 unterstützt er Organisationen aller Art in transformationaler Veränderung.

In den Rollen des Beraters und des Impulsgebers war Niels schon in mehr als 40 Ländern aktiv.

Niels' Bücher wurden von der Kritik gelobt und entwickelten sich zu Bestsellern. In *Führen mit flexiblen Zielen* (2006/2011) belegte er, dass die Organisation der Zukunft bereits existiert, und zeigte, wie sie funktioniert. Dafür wurde er mit dem Wirtschaftsbuchpreis von Financial Times und getAbstract ausgezeichnet. Seine Bücher *Organisation für Komplexität* (2014) und *Komplexithoden* (2015) waren vielbeachtete Business-Bestseller der letzten Jahre – mit zusammen mehr als 40.000 verkauften Exemplaren. *Zellstrukturdesign* ist Niels' achtes Buch.

Niels auf Twitter: @NielsPflaeging. Mail: Niels.Pflaeging@redforty2.com

Silke Hermann und Niels Pfläging sind Gründer, „Lead Artists" und Geschäftsführer von Red42. Mit ihrem Unternehmen mit Sitz in Wiesbaden setzen sie konsequent auf innovative Ansätze für Lernen und Entwicklung. Gemeinsam entwickeln sie Sozialtechnologien an der Nahtstelle von Organisationsentwicklung/-transformation und Learning & Development. Mit Red42 machen sie diese Ansätze für Unternehmen in Form von Produkten, Workshops und Dienstleistungen nutzbar. In Organisationen jeder Art und weltweit. Alle Leistungen und Produkte von Red42 setzen auf Selbstorganisation und Selbstwirksamkeit von Mensch und Organisation. Die Sozialtechnologien von Red42 sind – so weit wie nur möglich – Open-Source-basiert. *Zellstrukturdesign* ist eine dieser Sozialtechnologien. Weitere Informationen zu Red42 findest du unter redforty2.com. Red42 auf Twitter: @RedForty2. Nimm Kontakt auf via contact@redforty2.com.

Bestell hier dein Gratis-Exemplar des Zellstrukturdesign-Konzeptüberblick-Posters: redforty2.com/gratisposter

Zellstrukturdesign-Konzeptüberblick-Poster
A1-Format. Farbdruck, gefaltet.

Das Zellstrukturdesign-Handbuch.
Das OpenSpace Beta-Handbuch.
Buchpakete mit attraktiven Rabatten.
Internationaler Versand.

Viele weitere, nützliche Produkte zur Unterstützung eurer Zellstrukturarbeit oder Beta-Transformation findest du auf redforty2.com/shop

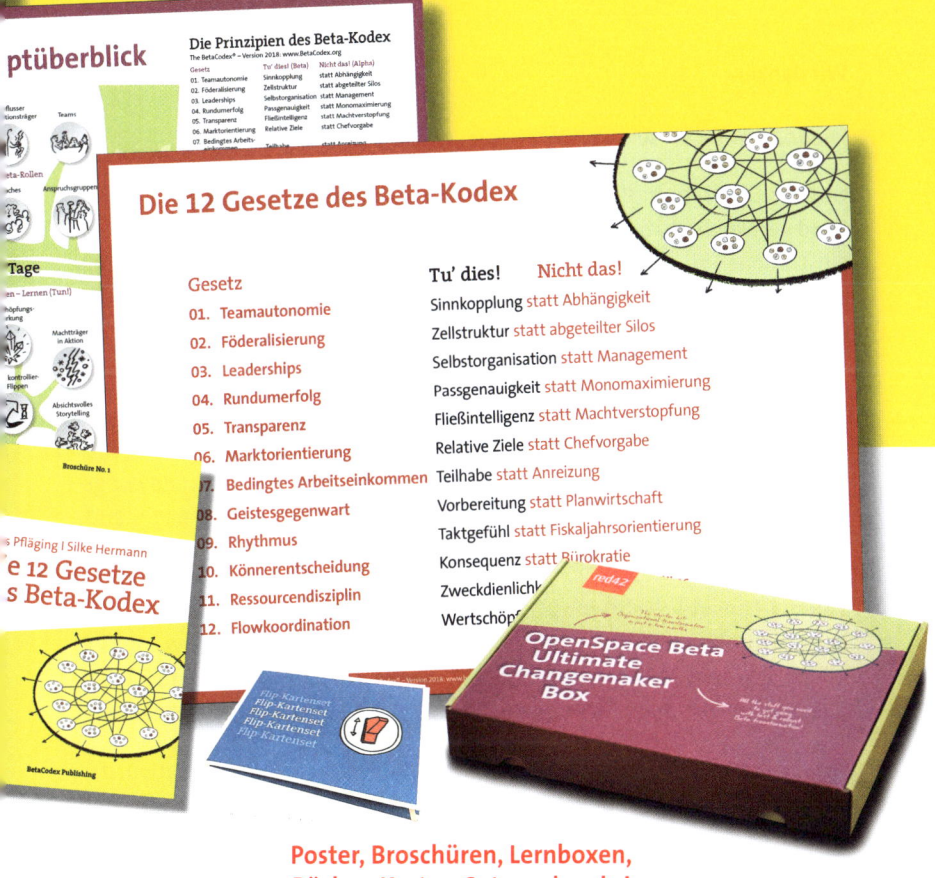

Dankeschön!

Wir danken:

Friedrich Blaha für sein Vorwort zu diesem Buch.

Unserer Illustratorin **Pia Steinmann** für die Abbildungen, die wir für diesen Band verwendet haben. Sie basieren, abgesehen von einigen Ausnahmen, auf Illustrationen zu unseren Büchern *Komplexithoden* und *Organisation für Komplexität*. Alle Abbildungen wurden für dieses Handbuch ergänzt, modifiziert und re-mixed.

Andreas Schlegel, Matt Moersch und Moritz Guth, die das Manuskript durchsahen und redigierten – und durch ihre Beiträge das Buch stark geprägt haben.

Robin Fraser, Peter Bunce und Jeremy Hope, den Gründern des Beyond Budgeting Round Table BBRT, deren Forschungsarbeit aus den Jahren 1998 bis 2007 den Anstoß zur Entwicklung der Sozialtechnologie Zellstrukturdesign gab.

Valérya Carvalho und Gebhard Borck für ihre Beiträge zur Entwicklung des Zellstrukturdesigns in den Gründungsjahren des BetaCodex Network, zwischen 2007 und 2012. Sowie unserem Kollegen **Gerhard Wohland,** für vielfältige Anregungen und Unterscheidungen aus der praktischen Systemtheorie.

Den Pionieren und Vordenkern des Zellstrukturdesigns für die Inspiration, darunter (ohne Anspruch auf Vollständigkeit): **Art Kleiner, Dennis Bakke, Douglas McGregor, Eric Trist, Friedrich Glasl, Gareth Morgan, Götz Werner, Jan Wallander, John Case, John Seddon, Karl-Martin Dietz, Kurt Lewin, Marvin Weisbord, Mary Parker Follett, Niklas Luhmann, Peter Senge, Ricardo Semler, Ronald**

Purser, Stephan Haeckel, Steven Cabana, Taiichi Ohno, Thomas Kracht, W. Edwards Deming und natürlich, ganz besonders, **Ernst Weichselbaum.**

Unserem Team bei Red42: **Lea Hohneck, Diana Kulina, Silas Pittner, Stefan Diepolder und Peter Proell.**

Unseren Kolleginnen und Kollegen **Elisabeth Sechser, Dijana Vetturelli und Viktor Vetturelli.** Dafür, dass ihr mit uns ernsthafte Arbeit leistet, um für die Sozialtechnologien von Red42 zu werben und sie in Unternehmen in die Nutzung zu bringen.

Thomas Ammon und Stephan Huber von C.H.Beck für die stets kollegiale und vergnügliche Zusammenarbeit. So wünschen wir als Autoren uns die Partnerschaft mit einem Verlag!

Besonderer Dank gilt unserem Lektor bei Vahlen/C.H.Beck, Dennis Brunotte.
Für uns ist Dennis Brunotte mehr als ein Lektor, mehr als ein Programmleiter oder als die Schnittstelle zu einem Verlag. Wir schätzen uns glücklich, mit Dennis einen Partner in einem Verlagshaus gefunden zu haben, der die Literatur und das Businessbuch ähnlich ernst nimmt wie wir selbst. Jemanden, der Bücher liebt und das „Bücher machen" liebt. Dennis unterstützt unsere Arbeit als Autoren wahrhaft konstruktiv und versteht es, stets etwas beizutragen, das unsere Werke besser macht. Dies ist die zweite gemeinsame Buchveröffentlichung, die wir mit Vahlen realisiert haben. Wir freuen uns auf noch viel mehr Zusammenarbeit mit dir, Dennis!